U0290006

编程基础——C语言
学习指导与实训

赵淑娟◎主　编
阴婷婷　盖春光◎副主编
段　欣◎主　审

电子工业出版社·
Publishing House of Electronics Industry
北京·BEIJING

内 容 简 介

本书根据教育部《职业教育专业目录（2021 年）》中职计算机类专业对 C 语言编程的基本要求编写，是适应中等职业学校计算机类专业课程改革的需要，与新形态一体化教材《编程基础——C 语言》配套的学习指导与实训教材，是对主教材的补充和完善，旨在通过对课程重点、难点的总结提炼，大量习题的练习和上机实训操作，帮助学生理解所学知识，使学生能够巩固理论学习知识和实践操作技能。

本书是主教材的辅助教材，也可作为职业教育高考的学习辅导教材，以及社会培训或从事计算机程序设计及技术支持人员的自学参考书。

图书在版编目（CIP）数据

编程基础：C 语言学习指导与实训 / 赵淑娟主编. —北京：电子工业出版社，2022.8

ISBN 978-7-121-44232-2

I. ①编… II. ①赵… III. ①C 语言—程序设计—中等专业学校—教材 IV. ①TP312.8

中国版本图书馆 CIP 数据核字（2022）第 160264 号

责任编辑：郑小燕　　文字编辑：张　慧
印　　刷：三河市鑫金马印装有限公司
装　　订：三河市鑫金马印装有限公司
出版发行：电子工业出版社
　　　　　北京市海淀区万寿路 173 信箱　邮编　100036
开　　本：880×1 230　1/16　印张：9.25　字数：236.8 千字
版　　次：2022 年 8 月第 1 版
印　　次：2025 年 1 月第 5 次印刷
定　　价：28.00 元

凡所购买电子工业出版社图书有缺损问题，请向购买书店调换。若书店售缺，请与本社发行部联系，联系及邮购电话：（010）88254888，88258888。

质量投诉请发邮件至 zlts@phei.com.cn，盗版侵权举报请发邮件至 dbqq@phei.com.cn。

本书咨询联系方式：（010）88254550，zhengxy@phei.com.cn。

前 言 PREFACE

为进一步补充和完善计算机类专业新形态一体化系列教材，我们组织编写了这本与《编程基础——C 语言》配套的教学用书。本书的编写以利于学生更好地掌握本课程知识为目标，可加强学生对理论和实践技能的掌握。

本书密切配合主教材各项目，每个项目分为 4 个部分："知识要点"部分扼要阐述基本内容及重点、难点；"典型题解"和"自我测试"部分给出大量的基础知识习题，并对重点、难点知识进行详细分析；"上机实训"部分给出实训任务及操作指导。本书最后的"综合测试题"部分可系统地检测学生对全书知识点的掌握情况。

本书是主教材的辅助教材，也可作为职业教育高考的学习辅导教材，以及社会培训或从事计算机程序设计及技术支持人员的自学参考书。

本书由赵淑娟任主编，段欣任主审，阴婷婷、盖春光任副主编。还有一些职业学校的老师参与了测试和程序调试工作，在此表示感谢。

由于编者水平有限，书中难免有错误和不妥之处，恳请广大读者批评指正。

编 者

2022 年 6 月

目　录 ▼ CONTENTS

项目 1

初窥门径——C 语言和程序设计

1.1 知识要点

本项目概要

如同人和人的交流需要语言一样，人与计算机的交流也需要语言。编程语言是人与计算机打交道的桥梁、人与计算机交流的翻译官。众所周知，C 语言是最古老的几门编程语言之一，它至今仍服务于现代社会。C 语言从一诞生就开始了它的风行世界之旅，放眼现在与未来，华为的自研操作系统就是利用 C 语言开发的；万物皆可互联、机器拥有智能的时代，也依然离不开 C 语言。

知识要点 1　编程语言的发展阶段

表 1-1　编程语言的发展阶段及优缺点

发展阶段	优点	缺点
机器语言	计算机能够直接识别和接收的二进制代码	难学、难写、难记、难检查、难修改，难以推广使用
汇编语言	引入大量的助记符	不同型号计算机的机器语言和汇编语言不通用
C 语言	开发效率高，代码可读性强	书写格式自由，有些错误无法检出

知识要点 2　C 语言的特点

表 1-2　C 语言的特点

序号	特点
1	语言简洁紧凑，使用灵活方便
2	运算符丰富

续表

序号	特点
3	数据类型丰富
4	结构化的控制语句
5	语法限制不太严格，程序设计自由度大
6	允许直接访问物理地址
7	用 C 语言编写的程序可移植性好
8	代码质量高，程序执行效率高

知识要点 3 Dev-C++介绍

1. Dev-C++ 5.11 部分按钮说明

表 1-3 Dev-C++ 5.11 部分按钮说明

图标	功能	快捷键
	新建	Ctrl+N
	打开	Ctrl+O
	保存	Ctrl+S
	撤销	Ctrl+Z
	恢复	Ctrl+Y
	编译	F9
	运行	F10
	编译运行	F11

2. C 语言程序运行的基本步骤

表 1-4 C 语言程序运行的基本步骤

步骤	任务
第一步	新建或打开一个文件
第二步	在编辑窗口中输入或修改 C 程序
第三步	保存
第四步	编译
第五步	运行

知识要点 4　C 语言程序的结构及特点

表 1-5　C 语言程序的结构及特点

序号	特点
1	一个 C 语言程序由一个或多个函数组成，必须且只能包含一个 main 函数
2	程序总是从 main 函数开始执行
3	一个函数由函数首部和函数体两部分组成
4	分号是 C 语句的必要组成部分
5	C 语言程序的书写格式比较自由
6	程序包含注释符号"//""/*……*/"

知识要点 5　运行 C 语言程序的步骤

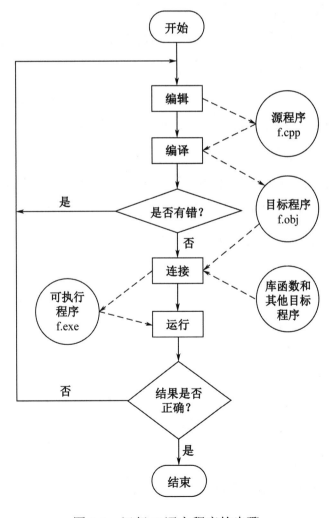

图 1-1　运行 C 语言程序的步骤

知识要点 6 程序设计的工作阶段及任务

表 1-6 程序设计的工作阶段及任务

工作阶段	任务
第一阶段	问题分析
第二阶段	设计算法
第三阶段	编写程序
第四阶段	对源程序进行编辑、编译和连接，得到可执行程序
第五阶段	运行程序，分析结果
第六阶段	编写程序文档

1.2 典型题解

【例题 1】以下叙述中错误的是＿＿＿＿＿＿＿。

  A. 一个 C 语言程序可以包含多个不同名的函数

  B. 一个 C 语言程序只能有一个主函数

  C. 在编写 C 语言程序时，有严格的缩进要求，否则不能编译通过

  D. C 语言程序的主函数必须用 main 作为函数名

  分析：一个 C 语言程序可以包含多个不同名的函数，但一个 C 语言程序只能有一个主函数且主函数必须用 main 作为函数名。在编写 C 语言程序时，严格的缩进可以提高程序的可读性，便于修改和维护，但缩进不是必需的，只要程序符合 C 语言的语法要求，就能通过编译，所以选项 C 是错误的。

  答案：C

【例题 2】求出两个整数中的较大者。

  分析：利用一个函数来实现求两个整数中的较大者。在主函数中调用此函数并输出结果。

  答案：

```
# include<stdio.h>
int main()
{
    int max(int x,int y);
    int a,b,c;
    scanf("%d,%d",&a,&b);
    c=max(a,b);
    printf("max=%d\n",c);
}
int max(int x,int y)
```

```
{
    int z;
    if(x>y)z=x;
    else z=y;
    return(z);
}
```

运行结果:

```
8,5
max=8
```

1.3 自我测试

1. 选择题

（1）一个 C 语言程序是由（　　　）构成的。

    A. 语句　　　　　B. 行号　　　　　　C. 数据　　　　　D. 函数

（2）下列标识符中正确的是（　　　）。

    A. a#bc　　　　　B. 123ABC　　　　　C. sime　　　　　D. Y.M-D

（3）结构化程序所要求的基本结构不包括（　　　）。

    A. 顺序结构　　　　　　　　　B. goto 跳转

    C. 分支（选择）结构　　　　　D. 循环（重复）结构

（4）计算机唯一能够识别的语言是（　　　）。

    A. 机器语言　　B. 汇编语言　　C. 高级语言　　D. 面向对象语言

（5）下列不是 C 语言中的关键字的是（　　　）。

    A. else　　　　　B. short　　　　　C. main　　　　　D. void

（6）C 语言程序能够在不同的操作系统下运行，这说明其（　　　）。

    A. 具有良好的兼容性　　　　　B. 语法限制较多

    C. 数据类型丰富　　　　　　　D. 程序执行效率高

（7）C 语言具有低级语言的功能，这主要是指其（　　　）。

    A. 程序的可移植性

    B. 程序的使用方便性

    C. 具有现代化语言的各种数据结构

    D. 能够直接访问物理地址，可进行位操作

（8）C 语言是一种（　　　）。

    A. 机器语言　　B. 汇编语言　　C. 高级语言　　D. 低级语言

（9）C 语言程序经过编译、连接后生成的可执行文件的扩展名为（　　　）。

    A．.c　　　　　　B．.obj　　　　　C．.exe　　　　　D．.sys

（10）把高级语言编写的源程序转换为目标程序，需要使用（　　　）。

    A．驱动程序　　B．编辑程序　　　C．诊断程序　　　D．编译程序

（11）C 语言程序的执行，总是起始于（　　　）。

    A．程序中的第一条可执行语句　　B．程序中的第一个函数

    C．main 函数　　　　　　　　　　D．文件中的第一个函数

（12）下列有关 C 语言程序注释的说法中，正确的是（　　　）。

    A．C 语言程序必须有注释

    B．在对一个 C 语言程序进行编译时，可以发现其中的拼写错误

    C．"//" 注释可以跨越多行

    D．注释用来对程序进行说明，以便程序员对程序各部分的作用进行理解

（13）利用 C 语言编写的源程序（　　　）。

    A．可立即执行　　　　　　　　　B．经过编译即可执行

    C．经过编译和连接后才能执行　　D．经过编译和解释后才能执行

（14）C 语言程序中的注释部分可以用（　　　）开头。

    A．/　　　　　　　B．*　　　　　　　C．/*　　　　　　　D．*/

（15）将 C 语言程序的目标程序形成可执行程序的过程是（　　　）。

    A．编译　　　　　B．翻译　　　　　C．连接　　　　　D．执行

2.　填空题

（1）用计算机高级语言编写的程序一般称为_____。

（2）_____是由二进制数 1 或 0 组成的有限序列。

（3）C 语言源程序文件的扩展名为_____。

（4）C 语言的基本构成单位是_____。

（5）C 语言具有低级语言的特点，主要是指_____。

（6）C 语言中唯一的三目运算符是_____。

（7）计算机能够直接识别的计算机语言类型是_____。

（8）用计算机高级语言编写的程序一般称为_____。

（9）在函数体中将相应语句分为_____和执行语句两种。

（10）C 语言程序中每条语句的最后必须有一个_____。

3.　编程题

（1）要求在屏幕上输出以下信息：

```
This is a C program
```

（2）求两个整数之和。

（3）求两个整数中的较小者。

1.4 上机实训

实训 1　熟悉 C 语言环境并运行简单的 C 程序

一、实训目的

（1）了解 Dev-C++的环境。

（2）了解如何编辑、编译、连接和运行一个 C 语言程序。

（3）通过运行简单的 C 语言程序，初步了解 C 语言的特点。

二、实训内容

（1）学习使用基于 Windows 系统的 C 语言编辑器编辑 C 语言程序。

（2）输入以下程序并进行编译和运行。了解编译和连接后所得到的目标程序的扩展名。

```c
#include<stdio.h>
main()
{
  printf("******************************\n");
  printf("        Hello,everyone!       \n");
  printf("******************************\n");
}
```

在编写程序时可以利用剪切、复制、粘贴等功能提高效率，如对程序中相同或相近的行可复制后再进行修改。

（3）输入并运行以下程序，了解在 C 语言程序中定义数据的方法。

```c
#include<stdio.h>
main()
{
  int num1,num2,sum;
  num1=30;num2=50;
  sum=num1+num2;
  printf("sum=%d\n",sum);
}
```

在程序中定义数据时，可直接运行得出结果而无须输入数据，但这样做的缺点是不容易修改，如果数据改变了就必须修改源程序才能得出正确结果。因此，在编程时应采用输入数据的方法。

算法与流程图

2.1 知识要点

本项目概要

本项目主要介绍算法与流程图的相关知识；了解算法的概念；理解算法的特性；了解算法的优劣；掌握用流程图描述算法。使用流程图描述算法是本项目的重点，算法的实现是本项目的难点。

知识要点 1　算法

著名的计算机科学家沃斯提出过一个公式：数据结构+算法=程序。

一个程序的组成可以表示为：程序结构+算法+程序设计方法+语言工具和环境。

计算机中的算法大致可分为以下两种类别。

（1）数值运算算法。

（2）非数值运算算法。

知识要点 2　算法的特征

（1）有穷性。

（2）确定性。

（3）有零个或多个输入。

（4）有一个或多个输出。

（5）有效性。

知识要点3　算法的优劣

（1）正确性。

（2）可读性。

（3）健壮性。

（4）时间复杂度与空间复杂度。

时间复杂度是指一个算法在运行的过程中所消耗的时间。空间复杂度是指一个算法在运行的过程中所需要的内存空间的大小。

知识要点4　用流程图表示算法

1. 流程图基本元素

流程图基本元素如图2-1所示。

| 起止框 | 输入/输出框 | 判断框 | 处理框 | 或 ──→ 流程线 |

图2-1　流程图基本元素

2. 流程图的组成

一个流程图包括以下几部分：

（1）表示相应操作的框；

（2）带箭头的流程线；

（3）必要的文字说明。

3. 流程图的优点

使用流程图表示算法，具有以下优点：

（1）结构清晰，逻辑性强；

（2）易于理解，画法简单；

（3）便于描述，形式规范。

4. 流程图的三种基本结构

（1）顺序结构：顺序结构的代码在执行时是按照语句的先后顺序逐条执行的。顺序结构流程图如图2-2所示。

（2）选择结构：选择结构中必包含一个判断框，先进行条件p判断，通过判断结果来选择接下来的执行语句：若条件 p 成立，则执行 A 操作；若条件 p 不成立，则执行 B 操作。选择结构流程图如图 2-3 所示。

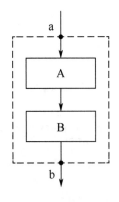

图 2-2　顺序结构流程图

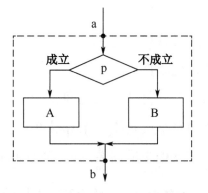

图 2-3　选择结构流程图

（3）循环结构：反复执行某一部分的操作，可分为以下两类循环结构。

① 当型循环结构。当型循环结构流程图如图 2-4 所示。

② 直到型循环结构。直到型循环结构流程图如图 2-5 所示。

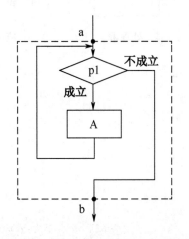

图 2-4　当型循环结构流程图

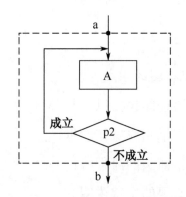

图 2-5　直到型循环结构流程图

知识要点 5　用 N-S 流程图表示算法

1973 年，美国学者 I. Nassi 和 B. Shneiderman 发明了一种新形式的流程图，在这种流程图中，完全去掉了带箭头的流程线，全部算法均写在一个矩形框内。

N-S 流程图使用以下流程图符号。

（1）顺序结构：顺序结构 N-S 流程图如图 2-6 所示。A 和 B 两个框组成一个顺序结构。

（2）选择结构：选择结构 N-S 流程图如图 2-7 所示。当条件 p 成立时执行 A 操作，当条件 p 不成立时执行 B 操作。

图 2-6　顺序结构 N-S 流程图

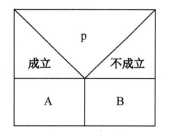

图 2-7　选择结构 N-S 流程图

（3）循环结构：当型循环结构 N-S 流程图如图 2-8 所示，当条件 p1 成立时反复执行 A 操作，直到条件 p1 不成立为止；直到型循环结构 N-S 流程图如图 2-9 所示。

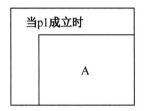
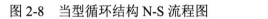

图 2-8　当型循环结构 N-S 流程图

图 2-9　直到型循环结构 N-S 流程图

知识要点 6　结构化程序设计方法

结构化程序设计方法的基本思路是，把一个复杂问题的求解过程分阶段进行，每个阶段处理的问题都控制在人们容易理解和处理的范围内。

具体讲，可采取以下方法来保证得到结构化的程序：

（1）自顶向下；

（2）逐步细化；

（3）模块化设计；

（4）结构化编码。

2.2　典型题解

【例题 1】下列流程图符号中，判断框是＿＿＿＿＿＿。

A.　　　　　　　　　　　　　　　B.

C.　　　　　　　　　　　　　　　D.

分析：起止框呈圆角矩形；输入/输出框呈平行四边形；处理框呈矩形；判断框

呈菱形。

答案：C

【例题 2】如图 2-10 所示，当输入 a 为-16 时，输出结果是_____。

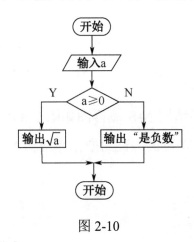

图 2-10

A．4　　　　　B．-4　　　　　C．0　　　　　D．是负数

分析：此图为分支结构。输入 a，判断 a 是否大于或等于 0，如果大于或等于零，则输出 a 的平方根；如果 a 小于零，则输出"是负数"。因输入 a 为-16，小于零，所以输出结果为"是负数"。

答案：D

【例题 3】如图 2-11 所示的流程图的输出结果是_____。

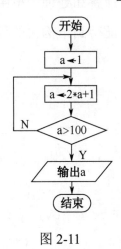

图 2-11

A．100　　　　B．127　　　　C．156　　　　D．99

分析：此图为循环结构。a 赋初值为 1，执行 a=2*a+1 语句后，a 被重新赋值为原数的 2 倍加 1；判断 a 是否大于 100，如果不大于 100 就再执行 a=2*a+1 语句，a 被先后赋值为 3、7、15、31、63、127。当 a=127 时，127 大于 100，退出循环，输出 a 的值。

答案：B

2.3　自我测试

1.　选择题

（1）算法中通常有三种不同的基本逻辑结构，下列说法中正确的是（　　）。

    A．一个算法只能包含一种基本逻辑结构

    B．一个算法可以包含三种基本逻辑结构的任意组合

    C．一个算法最多可以包含两种基本逻辑结构

    D．一个算法必须包含三种基本逻辑结构

（2）以下不属于算法的特性的是（　　）。

    A．无穷性   B．确定性

    C．有效性   D．有一个或多个输出

（3）下列不能用于判断算法的优劣的是（　　）。

    A．正确性   B．可读性

    C．二义性   D．健壮性

（4）如图 2-12 所示的流程图为（　　）。

    A．单循环   B．死循环

    C．直到型循环   D．当型循环

（5）如图 2-13 所示的流程图的输出结果为（　　）。

    A．4   B．3

    C．1   D．2

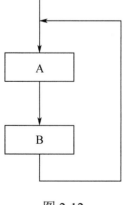

图 2-12

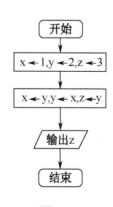

图 2-13

（6）若为已知直角三角形的两条直角边 a、b，求斜边 c 的算法绘制流程图，则以下 4 个流程图中正确的是（　　）。

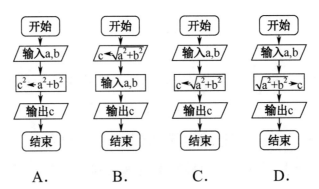

A.　　　　B.　　　　C.　　　　D.

（7）下列各式中 S 值不可以用算法求解的是（　　）。

A．$S=1+2+3+4$　　　　　B．$S=1^2+2^2+3^2+\cdots+1000^2$

C．$S=1+\dfrac{1}{2}+\dfrac{1}{3}+...+\dfrac{1}{1000}$　　　　D．$S=1+2+3+4+\cdots$

（8）下列关于结构化程序设计的描述中，不正确的是（　　）。

A．边输入边编程　　　　B．自顶向下

C．逐步细化　　　　D．模块化设计

（9）下列关于 N-S 图的描述中，正确的是（　　）。

A．比传统流程图紧凑，但难绘制

B．框图较多，难以理解

C．废除了流程线，由各个基本结构按顺序组成

D．循环结构简单，只有当型循环结构一种

（10）若要编程实现某一分段函数，则恰当的流程图判断框样式是（　　）。

A. 　　　　B.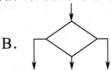

C. 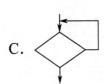　　　　D.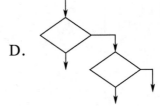

2．填空题

（1）对比以下两个流程图，图 2-14 的结果是＿＿＿＿；如图 2-15 所示，输入 a=4,h=3 时，结果是＿＿＿＿。

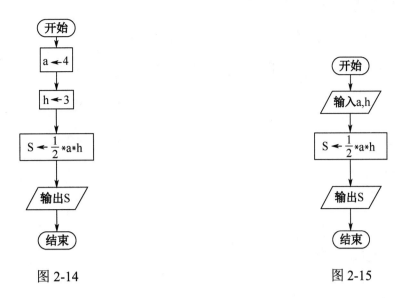

图 2-14　　　　　　　　　　　　图 2-15

（2）写出下列流程图的运行结果：如图 2-16 所示，该流程图的输出结果为 x=_____；如图 2-17 所示，该流程图的输出结果为 w=_____；如图 2-18 所示，若 R=3，则该流程图的输出结果为 y1=_____。（π=3.14）

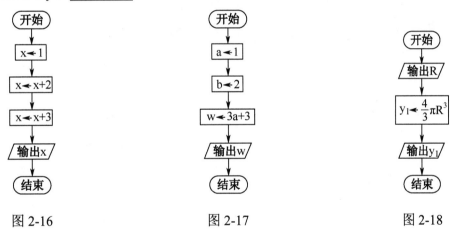

图 2-16　　　　　　　　图 2-17　　　　　　　　图 2-18

（3）如图 2-19 所示，该流程图的输出结果为 S=_____；如图 2-20 所示，该流程图的输出结果为 m=_____。

图 2-19　　　　　　　　　　　　图 2-20

（4）如图 2-21 所示，该流程图的功能可以描述为_____。

（5）如图 2-22 所示，该流程图的功能可以描述为_____。

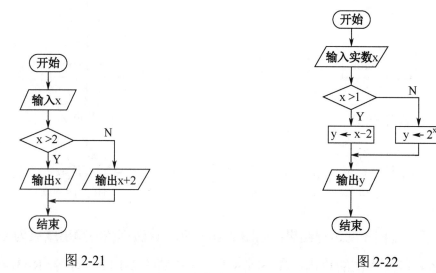

图 2-21   图 2-22

（6）如图 2-23 所示，该流程图的功能可以描述为_____。

（7）如图 2-24 所示，该流程图的功能可以描述为_____。

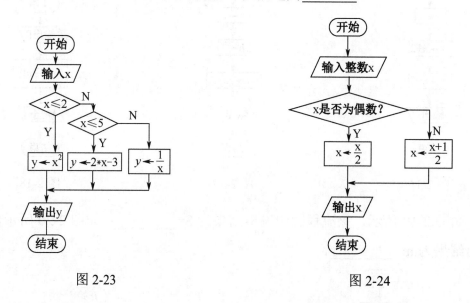

图 2-23   图 2-24

（8）如图 2-25 所示是计算 1+3+5+…+99 的值的流程图，在判断框中应填写的说明是_____。

（9）如图 2-26 所示的流程图输出的倒数第二个数为_____。

（注：n 为整数，a 为浮点数，二分之一是 0.5）

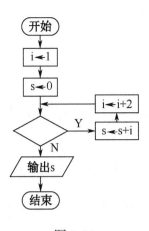

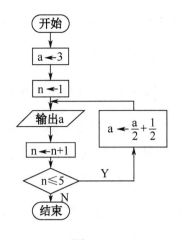

图 2-25　　　　　　　　　　　　　　图 2-26

（10）如图 2-27 所示是求 $1+\dfrac{1}{3}+\dfrac{1}{5}+\cdots+\dfrac{1}{2n-1}$ 的和（其中 n 的值由键盘输入）的流程图，其中①应填＿＿＿＿＿＿＿＿＿＿＿，②应填＿＿＿＿＿＿＿＿＿＿＿。

3. 绘制流程图或 N-S 图

（1）绘制流程图，以实现输入 3 个数，并按从大到小的顺序输出这 3 个数。

（2）绘制流程图，以实现输出九九乘法表。

（3）绘制流程图，以实现利用分段函数输入 x 的值时输出 y 的值，函数如下：

$$y = \begin{cases} 2+x & x>0 \\ 2 & x=0 \\ 2-x & x<0 \end{cases}$$

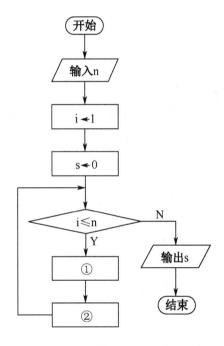

图 2-27

（4）绘制 N-S 图，以实现输入 10 个数，输出其中最大的数。

（5）绘制 N-S 图，以实现输入两个数，求这两个数的最大公约数。

2.4　上机实训

实训 2　算法与流程图

一、实训目的

（1）掌握流程图的绘制方法和技巧。

（2）通过绘制流程图解决实际问题，以此来实现算法。

二、实训内容

（1）绘制流程图，以解决三色球问题。

（问题描述：一个口袋中放有 12 个球，已知其中 3 个是红色的、3 个是白色的、6 个是黑色的，现从中任取 8 个，计算共有多少种可能的颜色搭配。）

问题分析： 设任取的 8 个球中红色球为 m 个、白色球为 n 个，则黑色球为 8-m-n 个，已知有 3 个红色球、3 个白色球、6 个黑色球，则 m 的取值范围为[0,3]，n 的取值范围为[0,3]，黑色球的个数为 8-m-n≤6。

（2）绘制 N-S 图，用 1、2、3、4 共 4 个数字，组合出不重复的 3 位数。

（问题描述：用 1、2、3、4 共 4 个数字能够组合成多少个互不相同且无重复数字的三位数？各是多少？）

问题分析： 求互不相同的三位数，可以一位一位地去确定，先确定百位，再确定十位、个位，然后将各位上的数字进行比较，若互不相同则输出。

（3）绘制流程图，计算国王的赏赐。

（问题描述：古印度舍罕王给聪明的宰相达依尔赏赐，宰相指着 8×8 共 64 格的国际象棋棋盘说："陛下，请您赏赐我一些麦子吧，就在棋盘的第一格中放 1 粒，第 2 格放 2 粒，第 3 格放 4 粒，以后每一格都比前一格增加一倍，依次放完棋盘上的 64 格，我就感激不尽了。"计算国王总共需要将多少麦子赏赐给他的宰相。）

问题分析： 该问题描述比较复杂，但是抽象出其数学模型，便很容易解决了。根据题意，麦子的放法如下：第 1 格 1 粒，第 2 格 2 粒，第 3 格 4 粒，以后每一格都比前一格增加一倍，依次放完棋盘上的 64 格。

麦子的总数为 $1+2+4+8+16+\cdots+2^{63}$ 的和。

（4）绘制 N-S 图，求 6□3×□=4□5□ 等式中的 4 个数字。

（问题描述：6□3×□=4□5□，□中为一个数字，填入后等式成立，它们都是多少？）

问题分析： 设等号左侧的两个数为 a、b，等号右侧的两个数为 x、y，4 个数字都从 1 到 9 使用循环嵌套，如果等式成立，则输出这 4 个数字。

项目 3

基本数据类型与顺序程序设计

3.1 知识要点

本项目概要

　　数据是具有一定意义的数字、字母、符号和模拟量等的通称，是 C 语言程序处理的对象。学习任何一种计算机语言，都必须了解该计算机语言所支持的数据类型，并且在之后的程序设计过程中，对程序中的每一个数据都应该确定其数据类型。C 语言提供了丰富的运算符和表达式，而这些运算符和表达式又构成了 C 语句。C 语句是 C 语言程序的基本成分，利用 C 语句可以描述程序的流程控制、对数据进行处理。有了前两个项目的基础，现在可以开始由浅入深地学习 C 语言程序设计了。本项目的目标是帮助学生从最简单的顺序结构程序设计开始，以程序设计为主线，把算法和语法有机结合起来，由浅入深，由简单到复杂，自然地、循序渐进地编写程序。

知识要点 1　C 语言的基本数据类型

表 3-1　整型变量的字节数和取值范围

类型	类型说明符	字节数	取值范围
基本整型	int	4	$-2^{31}\sim(2^{31}-1)$
无符号基本整型	unsigned int	4	$0\sim(2^{32}-1)$
短整型	short	2	$-2^{15}\sim(2^{15}-1)$
无符号短整型	unsigned short	2	$0\sim(2^{16}-1)$
长整型	long	4	$-2^{31}\sim(2^{31}-1)$
无符号长整型	unsigned long	4	$0\sim(2^{32}-1)$

续表

类型	类型说明符	字节数	取值范围
双长整型	long long	8	$-2^{63} \sim (2^{63}-1)$
无符号双长整型	unsigned long long	8	$0 \sim (2^{64}-1)$
字符型	char	1	$0 \sim 255$

知识要点2　常量

（1）整型常量。如100、0、-25等都是整型常量。

（2）实型常量。实型常量有以下两种表示形式。

① 十进制小数形式，由数字和小数点组成，如3.14、-2.0等。

② 指数形式，如14.1e5、1.5E-7等。注意：e或E之前必须有数字，且e或E后面必须为整数，如不能写成e5、2e3.5。

（3）字符常量。有两种形式的字符常量，即普通字符常量和转义字符常量。

（4）字符串常量。用双撇号把若干个字符括起来，字符串是双撇号中的全部字符，如"CHINA"，但不能写成'CHINA'。单撇号内只能包含一个字符，双撇号内可以包含一个字符串。

（5）符号常量。使用符号常量之前必须先定义。符号常量的定义格式如下：

```
#define 标识符 常量
```

知识要点3　变量

变量必须先定义、后使用。在定义变量时指定该变量的名字和类型。定义变量名时必须符合以下标识符的构成规则。

（1）C语言的变量名只能由英文字母（A~Z，a~z）和数字（0~9）或下画线（_）组成，不可用其他特殊字符。下画线通常用于连接一个较长的变量名，如Classmate_A。

（2）变量名必须以英文字母或下画线开头，不能以数字开头。

（3）字母区分大小写，如Student和student是两个不同的变量名。在传统的命名习惯中，通常用小写字母来命名变量，用大写字母来表示符号常量。

（4）变量名最好能"见名知义"，以便于记忆且能增加程序的可读性。

（5）不能使用关键字来命名变量。

知识要点4　运算符

表 3-2　C 语言运算符

名称	包含的运算符
算术运算符	+、−、*、/、%、++、−−
关系运算符	>、<、==、>=、<=、!=
逻辑运算符	&&、‖、!
位运算符	<<、>>、~、｜、∧、&
赋值运算符	=及其扩展赋值运算符
条件运算符	? :
逗号运算符	,
指针运算符	*、&
求字节数运算符	sizeof
强制类型转换运算符	(类型)
成员运算符	.、—、>
下标运算符	[ ]
其他	如函数调用运算符()

1. 算术运算符

表 3-3　常用算术运算符含义及举例

运 算 符	含 义	举 例	运算结果
+	正号运算符（单目运算符）		
−	负号运算符（单目运算符）		
*	乘法运算符	3*2	6
/	除法运算符	3/2	1
		3.0/2.0	1.5
%	求余运算符	3%2	1
		3.0%2.0	出错
+	加法运算符	3+2	5
−	减法运算符	3−2	1

2. 自增（++）、自减（−−）运算符

自增（++）、自减（−−）运算符的作用是使变量的值加 1 或减 1。例如：

++i、−−i：在使用 i 之前，先使 i 的值加（减）1。

i++、i−−：在使用 i 之后，再使 i 的值加（减）1。

3. 赋值运算符

（1）赋值符号"="就是赋值运算符，它的特点为"右结合"，它的作用是将一个数值赋给一个变量。例如，a=3 的作用是执行一次赋值操作（或称赋值运算），即把常量 3 赋给变量 a。也可以利用赋值运算符将一个表达式的值赋给一个变量。

（2）复合的赋值运算符。

在赋值运算符"="之前加上其他运算符，从而构成复合的运算符。如果在"="前加一个"+"运算符就构成了复合运算符"+="。例如，可以有以下的复合赋值运算：

a+=3 等价于 a=a+3。

x*=y+8 等价于 x=x*(y+8)。

x%=3 等价于 x=x%3。

4. 逗号运算符

逗号运算符用于将多个表达式连接起来，其优先级最低。

逗号运算符的格式如下：

表达式1,表达式2,…,表达式n;

说明：

从左向右计算各表达式的值，整个逗号表达式的结果是最后一个表达式 n 的值。

知识要点 5 C 语句

1. C 语句分为以下 5 种类型。

（1）控制语句。

（2）函数调用语句。

（3）表达式语句。

（4）空语句。

（5）复合语句。

2. 赋值语句

（1）赋值表达式和赋值语句。

在 C 语言程序中，最常用的语句是赋值语句和输入/输出语句，赋值语句和输入/输出语句是表达式语句中的两种类型。其中，最基本的语句是赋值语句。赋值语句是在赋值表达式的末尾加一个分号构成的。赋值表达式的一般形式如下：

变量 赋值运算符 表达式

（2）变量赋初值。

从前面的 C 语言程序中可以看到，可以用赋值语句对变量赋值，也可以在定义变量时对变量赋以初值，这样可以使程序简练。

知识要点 6　格式输入/输出函数

1. 用 printf 函数输出数据

printf 函数的一般形式如下：

```
printf(格式控制,输出列表)
```

表 3-4　输出格式符

格 式 符	功能说明
%d	按十进制整数形式输出
%c	按字符形式输出
%s	按字符串形式输出
%o	按八进制整数形式输出
%x	按十六进制整数形式输出
%f(%e)	按浮点形式（或指数形式）输出，默认为 6 位小数
%m.nf	按浮点形式输出，显示宽度不小于 m，小数位数为 n

2. 用 scanf 函数输入数据

scanf 函数的一般形式如下：

```
scanf(格式控制,地址列表)
```

说明：

"格式控制"的含义同 printf 函数。"地址列表"是由若干个地址组成的列表，可以是变量的地址或字符串的首地址。

知识要点 7　字符输入/输出函数

1. 用 putchar 函数输出一个字符

putchar 函数的一般形式如下：

```
putchar(c)
```

说明：

参数 c 可以是字符常量、整型常量、字符变量或整型变量（其值在字符的 ASCII 代码范围内）。putchar(c)的作用是输出字符变量 c 的值，显然输出的是一个字符。

2. 用 getchar 函数输入一个字符

getchar 函数的功能是接收从键盘上输入的字符。可以用一个变量来接收输入的字符，如：

```
c=getchar( );
```

getchar 函数只能接收一个字符。如果要接收多个字符就要用多个 getchar 函数。

3.2 典型题解

【例题1】以下程序段的输出结果是（　　　）。

```
int a=010,b=0x10,c=10;
printf("%d,%d,%d",a,b,c);
```

A．8,16,10 　　　　　　　　　　　B．10,10,10

C．8,8,10 　　　　　　　　　　　D．8,10,10

分析：010 表示八进制数，0x10 表示十六进制数，10 表示十进制数。格式说明符"%d"表示以十进制形式输出。

答案：A

【例题2】以下程序段的输出结果是（　　　）。

```
char  k=67;
printf("%x,%o,%c\n",k,k,k);
```

A．43,103,C　　　B．44,103,C　　　C．42,102,C　　　D．43,103,D

分析：本题考查的知识要点是"进制间的互相转换"。"char k=67;"由 ASCII 码表可知，67 对应的字符大写字母是 C。其中，67 是十进制数，%x 表示十六进制数，%o表示八进制数。

答案：A

【例题3】若 a 是 int 类型变量，则表达式"((a=3*5,a*2),a++,a+6)"的值是（　　　）。

A．31　　　　　B．37　　　　　C．21　　　　　D．22

分析：本题考查的是逗号的运算法则、表达式的相关知识及运算符的优先级的相关内容。本题是逗号表达式的嵌套应用，根据逗号表达式的运算法则，该表达式的值为最后一项"a+6"的值。

答案：D

3.3 自我测试

1. 选择题

（1）以下选项中均是合法的 C 语言标识符的是（　　　）。

A．A　WI　IF　　　　　　　　　　B．scanf　2bc_Q

  C．a#b FOR 123   D．ab_1 INT b1

（2）以下变量说明中正确的是（ ）。

  A．int i=j=1   B．double folt f,d;

  C．double a;   D．char:I;

（3）下列选项中均是不合法浮点数的是（ ）。

  A．21 0.0 123e4   B．123 .e6 2e4.2

  C．160.0.123 0.e3   D．1e3 .234 −e3

（4）执行下列程序段后，变量 y 的值是（ ）。

```
int x=5,y;
 y=2.75+x/2;
```

  A．5   B．4.75

  C．4   D．4.0

（5）若有说明语句 "char c='\t';"，则变量 c（ ）。

  A．包含 1 个字符   B．包含 2 个字符

  C．包含 3 个字符   D．说明不合法，c 的值不能确定

（6）以下程序的输出结果为（ ）。

```
#include<stdio.h>
 main()
{float k=-234.8765;
printf("#%4.2f#\n",k);
}
```

  A．不能输出   B．#234.87#

  C．#-234.88#   D．#-0234.88#

（7）以下程序段的输出结果是（ ）。

```
int n=290;char    c;
c=n;
printf("c=%d\n",c);
```

  A．c=290   B．c=34

  C．c=137   D．c=68

（8）以下程序段的输出结果是（ ）。

```
int a=032;
printf("%d%5o%6x\n",a,a,a);
```

  A．26 32 la   B．26 032 0xla

  C．32 40 20   D．32 040 0x20

（9）已知 "int x-3, y-2, z-1;"，以下赋值表达式中错误的是（ ）。

  A．x=(y=4)=3;   B．x=y=z+1;

C．x=(y+3)+z; D．x=1+(y=z=4)

（10）以下程序段的输出结果为（　　）。

```
int i=65;
putchar(i);
printf("%d",i);
printf("%c",i);
```

A．65 65 A B．i 65 i

C．a 65 a D．A 65 A

（11）以下程序的输出结果为（　　）。

```
#include<stdio.h>
main()
{int   i=5,j;
j=-i++;
printf("i=%d,j=%d\n",i,j);
}
```

A．i=5,j=-4 B．i=5,j=-5

C．i=6,j=-5 D．i=6,j=-4

（12）下面程序段的输出结果为（　　）。

```
int k=10;
float a=3.5,b=6.7,c;
c=a+k%3*(int)(a+b)%2/4;
```

A．3.75 B．3.750000

C．3.5 D．3.500000

（13）以下程序的输出结果为（　　）。

```
#include<stdio.h>
main()
{ int  x=10, y=10;
printf("%d%d\n",x--,--y);
```

A．10 10 B．9 9 C．9 10 D．10 9

（14）下述表达式的值为（　　）。

```
(a=3,b=5,++b,a-b);
```

A．-1 B．-3 C．-2 D．7

（15）以下程序段的输出结果为（　　）。

```
int a=29;
a+=a%8;
printf("%d\n",a);
```

A．7 B．8 C．10 D．16

2. 填空题

（1）在 C 语言中，char 类型数据在内存中储存的是该字符的_____。

（2）变量 a 是 int 类型，执行语句"a='A'+1.6;"后，a 的值是_____。

（3）指数形式实型变量可以采用科学记数法来表示，在字母 e（或 E）之后必须是_____。

（4）定义一个 double 类型变量 x，并将其赋值为 10 的语句是_____。

（5）在进行混合数据类型的计算时，要进行类型转换，转换的方式分为_____和_____两种。

（6）n 为整型常量，执行"n=-3L;printf("%d",n);"，则输出结果为____。

（7）在进行数据输入时，只要遇到非格式符，就是要求_____；只要遇到格式符，就是要求按照指定的格式输入数据，输入的数据存入对应地址的_____中。

（8）设有如下定义"int a,b;"通过语句"scanf("%d,%d",&a,&b);"把整数 3 赋值给变量 a，把 5 赋值给变量 b，则输入的数据是_____。

（9）已知"int i;"，则表达式"i=2,++i,i++;"的值是_____。

（10）若有"int a=8,b=5,c;"，则 printf 函数以"a=21,b=25"的形式输出结果。完整的输出语句是_____。

3. 编程题

（1）编写一个程序，要求输入一个三位整数（x≤999，且 x≥100)，求出其百位、十位、个位的数值，并要求输出各位之和及各位之积。

（2）编写一个程序，要求从键盘输入一个学生的 3 门课成绩，输出其总成绩和平均成绩。

（3）编写一个程序，要求从键盘输入大写字母，输出该大写字母的小写字母及其对应的 ASCII 码值。

（4）编写一个程序，要求从键盘输入两个整数，计算并输出这两个整数的商和余数。输出时，商保留两位小数。

3.4 上机实训

实训 3 熟悉 C 语言环境并运行简单的 C 程序

一、实训目的

（1）掌握 C 语言数据类型，熟悉如何定义整型变量、字符型变量、实型变量，了解对变量赋值的方法，了解以上类型数据输出时所用的格式转换符。

（2）学会使用 C 语言的有关算术运算符及包含这些运算符的表达式，特别是自增（++）和自减（--）运算符的使用方法。

（3）进一步熟悉 C 语言的编辑、编译、连接和运行的过程。

二、实训内容

（1）输入并运行以下程序：

```
#include<stdio.h>
main()
{ char c1,c2;                               //①
  c1=65;c2=66;                              //②
  printf("c1=%c,c2=%c",c1,c2);             //③
  printf("c1=%d,c2=%d",c1,c2);             //④
}
```

比较注释③与注释④处的两条语句的不同，观察程序的运行结果，并分析原因。把注释①处语句改为"int c1,c2;"，再次运行。查看运行结果与第一次运行结果有何异同，并分析原因。把注释②处语句改为"c1=300;c2=400;"，再次运行，观察运行结果，并分析原因。把注释①处语句改回"char c1,c2;"，再次运行，观察程序运行结果，并分析原因。

（2）输入并运行以下程序。在运行前首先根据自己的分析写出运行结果，然后与上机运行的结果进行对比。

```
#include<stdio.h>
main()
{ int i,j,a,b;
  i=8;j=10;
  a=++i;b=j++;                             //①
  printf("i=%d,j=%d,a=%d",i,j,a,b):        //②
}
```

运行后将注释①处语句改为"a=i++;b=++j;"，再次运行，分析两次运行结果的异同。删除程序中的 a、b 变量的定义，删除注释①处语句，把注释②处语句分别改为"printf("i=%d,j=%d",i++,j++);"和"printf("I=%d,j=%d",++i,++j);"，再分别运行，比较并分析改后的两次运行与前两次运行结果的异同。

（3）在程序中加入复合赋值运算符，如下例：

```
#include<stdio.h>
main()
{ int  i,j,a,b;
  i=8;j=10;
  a+=i++;b-=--j;                           //①
  printf("i=%d,j=%d,a=%d,b=%d",i,j,a,b);   //②
}
```

首先根据自己的分析写出运行结果。运行以上程序，把结果与未运行前自己写的结果进行对比，加深对复合赋值运算符运算方法及运算优先级的理解。

（4）按以下要求编写程序并运行：用赋初值的方法定义一些英文字母，要求使用复合赋值运算符把这些字母分别转换成其后第 5 个字母并输出。例如，若定义的字母是 A，则输出就必须是 A 后的第 5 个字母 F。参考程序如下：

```c
#include"stdio.h"
main()
{ char c1,c2;
  c1='A',c2='s';
  c1+=5; c2+=5;
  printf("c1=%c,c2=%c",c1,c2);
}
```

项目 4

选择结构程序设计

4.1 知识要点

本项目概要

本项目主要介绍关系表达式、逻辑表达式、if 选择语句、条件表达式和 switch 多分支语句。if 选择语句和 switch 多分支语句是实现选择结构的载体，而选择条件的确定通常需要关系表达式和逻辑表达式。条件表达式可以实现简单的选择结构。if 选择语句和 switch 多分支语句是本项目的重点，if 选择语句的嵌套是本项目的难点。

知识要点 1 关系表达式

表 4-1 C 语言中的关系运算符

运算符	含义	优先级	结合方向
>	大于	6	自左至右
>=	大于或等于	6	自左至右
<	小于	6	自左至右
<=	小于或等于	6	自左至右
==	等于	7	自左至右
!=	不等于	7	自左至右

用关系运算符将两个表达式连接起来的式子称为关系表达式。关系表达式的值是一个逻辑值，即"真"或"假"。C 语言没有逻辑型数据，以"1"代表"真"，以"0"代表"假"。

知识要点 2　逻辑表达式

表 4-2　C 语言中的逻辑运算符

运算符	含义	优先级	结合方向
&&	逻辑与	11	自左至右
||	逻辑或	12	自左至右
!	逻辑非	2	自右至左

用逻辑运算符连接若干个表达式组成的式子称为逻辑表达式。与关系表达式一样，逻辑表达式的值也是一个逻辑值，即"真"和"假"，以"1"代表"真"，以"0"代表"假"。但在判断一个量是否为"真"时，以"0"代表"假"，以非"0"代表"真"。

1. 求值规则

a&&b：若 a、b 同时为真，则 a&&b 为真，值为 1。

a||b：若 a、b 之一为真，则 a||b 为真，值为 1。

!a：若 a 为真，则!a 为假，值为 0。

2. 求值策略

按照求值规则，逻辑与表达式和逻辑或表达式应该从左至右依次计算各表达式的值，但实际上并不一定从左至右运算到最后，当表达式的值能够确定时运算就应停止。

（1）a&&b&&c：若 a 为假，则整个表达式为假，就不必再判断 b 和 c 的值；若 a 为真、b 为假，则整个表达式也为假，就不必再判断 c 的值。

（2）a||b||c：若 a 为真，则整个表达式为真，就不必再判断 b 和 c 的值；若 a 为假、b 为真，则整个表达式也为真，就不必再判断 c 的值。

知识要点 3　if 选择语句

1. if 语句

if 语句格式如下：

```
if(表达式)  语句;
```

说明：

（1）"（表达式）"可以为任何类型的表达式，包括关系表达式、逻辑表达式、算术表达式、赋值表达式等。

（2）"语句"也称 if 的内嵌语句。内嵌语句可以是单条语句，也可以由多条语句组成。如果是多条语句，则要用一对"{}"将它们括起来以构成复合语句。

2. if...else 语句

if...else 语句一般形式如下：

```
if(表达式)
    语句1;
else
    语句2;
```

说明：

if...else 语句中的"语句 1"部分和"语句 2"部分可以是单条语句，也可以是复合语句。

3. if 语句的嵌套

（1）当在实际运用中面临两种以上的选择时，把 if...else 语句稍加扩展就能满足需求。其一般形式如下：

```
if(表达式1)  语句1;
else if(表达式2)  语句2;
    else if(表达式3)  语句3;
        ...
        else if(表达式m)  语句m;
            else 语句n;
```

（2）一条 if 语句中可以包含另一条 if 语句，称为 if 语句的嵌套。在嵌套的 if 语句中，else 与它前面最近的 if 配对，除非用一对"{}"来改变配对关系。

格式 1：

```
if(表达式1)
    if(表达式2)  语句1;
    else 语句2;
```

格式 2：

```
if(表达式1)
    {if(表达式2)  语句1;}
    else 语句2;
```

知识要点 4　条件表达式

条件运算符是 C 语言中唯一的三目运算符，其一般形式如下：

```
表达式1?表达式2:表达式3
```

说明：

当表达式 1 为真时，整个条件表达式的值等于表达式 2 的值，否则整个条件表达式的值等于表达式 3 的值。条件运算符的优先级为 13，结合方向为自右至左。

知识要点 5 switch 多分支语句

switch 多分支语句是用于多个分支选择的语句，它的一般形式如下：

```
switch(表达式)
{case 常量表达式1:
    语句序列1;   [ break; ]
case 常量表达式2:
    语句序列2;   [ break; ]
    ...
case 常量表达式n:
    语句序列n;   [ break; ]
[ default: 语句序列n+1; ]
}
```

说明：

"[]"内的语句是可选择的。switch 多分支语句的工作流程是：首先计算 switch 后括号中表达式的值，如果该值与某一 case 后的常量表达式的值相等，则执行该 case 常量表达式下的语句序列，若遇到 break 语句，则跳出 switch 结构，执行 switch 结构后的语句。若表达式的值与所有 case 常量表达式都不相等，则执行 default（如果有）后的语句序列。

4.2 典型题解

【例题 1】已知"int x=1,y=2,z=3;"，执行下列语句后，则 x、y、z 的值是（   ）。

```
if(x>y) z=x;x=y;y=z;
```

A．x=1,y=2,z=3   B．x=2,y=3,z=3

C．x=2,y=3,z=1   D．x=2,y=3,z=2

分析：因为三条赋值语句"z=x;x=y;y=z;"并未使用"{}"括起来，所以只有语句"z=x;"隶属于 if 条件。"if(x>y)"结果为假，所以语句"z=x;"不执行，后面两条语句执行。

答案：B

【例题 2】写出以下程序的输出结果。

```
main()
{int x=1,a=2,b=3;
switch(x)
{case 0:b++;
case 1:a++;
case 2:a++,b++; }
printf("a=%d,b=%d\n",a,b);
}
```

分析： 执行 switch 结构，x 值为 1，所以执行"case 1："之后的语句，a 变为 3，但"case 1："后没有 break 语句，所以继续执行"case 2"之后的语句。

答案： a=4，b=4

【例题 3】若 w=1，x=2，y=3，z=4，则条件表达式"w<x?w:y<z?y:z"的值是（ ）。

A. 4   B. 3

C. 2   D. 1

分析： 条件表达式的结合方向为自右至左，所以上述表达式等价于表达式"w<x?w:(y<z?y:z)"，w<x 为真，所以整个表达式的值为 w 的值。

答案： D

4.3 自我测试

1. 选择题

（1）下列表达式中非法的是（ ）。

A. 0<=x<100   B. i=j==0

C. (char)(100+3)   D. x+1=x+1

（2）能正确表示"若 x 的取值在[1,10]和[200,210]范围内则为真，否则为假"的表达式是（ ）。

A. (x>=1) && (x<=10)&&(x>=200)&&(x<=210)

B. (x>=1)||(x<=10)||(x>=200)||(x<=210)

C. (x>=1) && (x<=10)||(x>=200) && (x<=210)

D. (x>=1)||(x<=10) &&(x>=200)||(x<=210)

（3）以下选项中与语句"k=a>b?(b>c?1:0):0;"的功能等价的是（ ）。

A. if((a>b)&&(b>c)) k=1;

    else k=0;

B. if((a>b)||(b>c)) k=1

C. if(a<=b) k=0;

    else if(b<=c) k=1;

    else k=0;

D. if(a>b) k=1;

    else if(b>c) k=1;

（4）以下对 if 选择语句的叙述中，正确的是（　　）。

    A．if 选择语句只能嵌套一层

    B．不能在 else 子句中再嵌套 if 选择语句

    C．if 子句和 else 子句中可以是任意的合法的 C 语句

    D．改变 if...else 语句的缩进格式会改变程序的执行流程

（5）以下运算符中优先级最高的运算符是（　　）。

    A．!   B．&&

    C．!=   D．%

（6）执行以下程序后，输出的结果是（　　）。

```
include "stdio.h"
main()
{ int a=2,b=-1,c=2;
if(a<b) if(b<0) c=0; else c+=1;
    printf("%d\n",c); }
```

    A．0   B．1

    C．2   D．3

（7）执行以下程序后，输出的结果是（　　）。

```
include "stdio.h"
main()
{ int w=4,x=3,y=2,z=1;
    printf("%d\n",(w<x?w:z<y?z:x)); }
```

    A．4   B．2

    C．1   D．3

（8）执行以下程序段后，输出的结果是（　　）。

```
int a=3,b=5,c=7;
if(a>b) a=b,c=a;
if(c!=a) c=b;
    printf("%d, %d, %d\n",a,b,c);
```

    A．程序段有语法错误   B．3,5,3

    C．3,5,5   D．3,5,7

（9）若定义"float x=1.5;int a=1,b=3,c=2;"，则正确的 switch 多分支语句是（　　）。

    A．switch(x)

      { case 1.0: printf("*\n");

       case 2.0: printf("**\n");

      }

B. `switch(int(x))`

    `{ case 1: printf("*\n");`

    `case 2: printf("**\n");`

    `}`

C. `switch(a+b)`

    `{ case 1: printf("*\n");`

    `case 1+1: printf("**\n");`

    `}`

D. `switch(a+b)`

    `{ case 1: printf("*\n");`

    `case c: printf("**\n");`

    `}`

（10）执行以下程序后，输出的结果是（　　）。

```
#include <stdio.h>
main()
{ int x=1,y=0,a=0,b=0;
    switch(x)
{ case 1: switch(y)
            { case 0: a++; break;
              case 1: b++;break;   }
    case 2: a++;b++;break;
    case 3: a++;b++;
}
    printf("\na=%d,b=%d",a,b);      }
```

A. a=1,b=0   B. a=2,b=1

C. a=1,b=1   D. a=2,b=2

（11）执行以下程序后，输出的结果是（　　）。

```
#include <stdio.h>
main()
{ int a=0,b=0,c=0;
    if(++a>0||++b>0)  ++c;
printf("%d,%d,%d",a,b,c); }
```

A. 0,0,0   B. 1,1,0

C. 1,0,1   D. 0,1,1

（12）能正确表示数学式"x<y<z"的C语言表达式是（　　）。

A. `(x<y)&&(y<z)`   B. `(x<y)and(y<z)`

C. `(x<y<z)`   D. `(x<y)&(y<z)`

（13）以下关于 switch 多分支语句的叙述中，错误的是（　　）。

    A．switch 多分支语句允许嵌套使用

    B．switch 多分支语句中必须有 default 部分，才能构成完整的 switch 多分支语句

    C．switch 多分支语句中 case 与后面的常量表达式之间必须有空格

    D．省略 break 语句时，程序会继续执行下面的 case 分支

（14）在 C 语言的 if 选择语句中，用作判断的表达式为（　　）。

    A．逻辑表达式　　　　　　　　B．关系表达式

    C．算术表达式　　　　　　　　D．任意表达式

（15）若 x 为整型变量，则 "if(x)" 等价于（　　）。

    A．x==0　　　　　　　　　　B．x!=0

    C．x==1　　　　　　　　　　D．x!=1

2．填空题

（1）C 语言中关系运算符有_____、_____、_____、_____、_____、_____，其对应的优先级分别为_____、_____、_____、_____、_____、_____。

（2）C 语言中逻辑运算符有_____、_____、_____，其对应的优先级及结合性分别为_____、_____、_____。

（3）条件运算符的优先级为_____，其结合性为_____，条件表达式的一般形式为_____。

（4）若 a=1,b=3,c=5，则表达式 "a<b&&0" 的值为_____，"--a||c!=b" 的值为_____，"b=a&&a=c" 的值为_____，"c>b>a" 的值为_____，"a<b?b--:c++" 的值为_____（各表达式在 a、b、c 原值基础上独立计算）。

（5）C 语言中的逻辑值 "真" 是用_____表示的，逻辑值 "假" 是用_____表示的。

（6）判断变量 a、b 的值均不为 0 的逻辑表达式为_____。

（7）与数学表达式 "|x|>10" 意思相同的 C 语言表达式为_____。

（8）若 a 是数值类型，则逻辑表达式 "（a==1）||（a!=1）" 的值是_____。

（9）判断 char 类型变量 ch 是否为小写字母的正确表达式是_____。

（10）switch 多分支语句中 case 后的标号为_____。

3．编程题

（1）从键盘输入三个数，输出其中最小的数。

（2）判断用户输入的一个字符的类型，如数字、大写字母、小写字母、其他字符。

（3）输入一个圆半径 r，当 r>0 时，计算并输出圆的面积和周长（保留两位小数），

否则输出提示信息。

（4）出租车的计费方式是按照起租费和里程费来计算的，某城市普通车的起租费为10元行驶3千米，3千米后每千米里程费为1.4元。请根据用户输入的里程数输出对应的出租车车费（保留两位小数）。

（5）从键盘输入一元二次方程的三个系数，首先判断其是否有解，如有解则求出其解。

（6）从键盘输入一个百分制成绩score，按下列原则输出其等级：score≥90则等级为A；score≥80且score<90则等级为B；score≥70且score<80则等级为C；score≥60且score<70则等级为D；score<60则等级为E。

4.4　上机实训

实训4　选择结构程序设计

一、实训目的

（1）掌握使用if选择语句编写选择结构程序的方法。

（2）掌握使用switch多分支语句编写选择结构程序的方法。

二、实训内容

（1）从键盘输入四个整数，输出其中最大的数。

（2）某公司要给员工涨工资，增加额由工龄和现工资两个因素决定：工龄高于15年的，如果现工资在6000元以上则涨600元，否则涨400元；工龄小于等于15年的，如果现工资在4000元以上则涨500元，否则涨300元。根据用户输入的工龄和现工资，输出涨工资之后的员工工资。

（3）从键盘输入三个整数，并根据对三个整数的比较显示如下信息：如果三个整数都不相等则显示0；如果三个整数中有两个整数相等则显示1；如果三个整数都相等，则显示2。

（4）用户输入1~7范围内的任意数字，根据用户所输入的数字输出相应的英文星期单词。如果输入错误，则给出提示。

循环结构程序设计

5.1 知识要点

本项目概要

本项目主要介绍三种循环语句、两种转移控制语句，以及循环结构的比较与嵌套。三种循环语句分别是 for 语句、while 语句及 do...while 语句；两种转移控制语句分别是 break 语句和 continue 语句。能够根据实际问题的需求选择合适的循环结构是本项目的重点。能够使用循环结构的嵌套解决复杂问题是本项目的难点。

知识要点 1　for 语句

1. for 语句的一般形式

for 语句的一般形式如下：

```
for(表达式1;表达式2;表达式3)
    {语句序列;}
```

说明：

（1）"表达式 1"一般为赋值表达式，用于为循环变量赋初值。

（2）"表达式 2"一般为关系表达式或逻辑表达式，表示循环条件。

（3）"表达式 3"一般为赋值表达式，表示循环变量的更新。

（4）"语句序列"是需要重复执行的循环体，可以是单条语句，也可以是用花括号括起来的复合语句。

for 语句首先判断条件然后执行循环体，因此循环次数可以为 0。

2. for 语句的表达式

（1）for 语句中的表达式可以部分或全部省略，但两个 "；" 不能省略。

（2）for 语句中的表达式允许出现与循环控制无关的表达式。例如：

```
for(sum=0,i=1;i<=10; sum+=i,i++);
```

知识要点 2　while 语句

while 语句的一般形式如下：

```
while(表达式)
    {语句序列;}
```

说明：

（1）"表达式" 一般为关系表达式或逻辑表达式，表示循环条件，相当于 for 语句中的 "表达式 2"。

（2）"语句序列" 是需要重复执行的循环体，可以是单条语句，也可以是用花括号括起来的复合语句。

（3）循环体内一般要有能够改变表达式值的操作，最终使表达式的值变为 0，否则将形成死循环。如果没有改变表达式值的操作，也可以在循环体内借助 break 语句强行退出循环。

while 语句也是首先判断条件然后执行循环体，因此循环次数可以为 0。

知识要点 3　do...while 语句

do...while 语句用来实现 "直到型" 循环结构，其一般形式如下：

```
do{
语句序列;
}while(表达式);
```

说明：

（1）"表达式" 一般为关系表达式或逻辑表达式，表示循环条件，相当于 for 语句中的 "表达式 2"。需要特别注意的是，"while(表达式);" 中的 "；" 不能省略。

（2）"语句序列" 是需要重复执行的循环体，该循环体无论是单条语句还是复合语句都建议用花括号括起来。

（3）循环体内一般要有能够改变表达式值的操作，最终使表达式的值变为 0，否则将形成死循环。如果没有改变表达式值的操作，也可以在循环体内借助 break 语句强行退出循环。

do...while 循环是首先执行循环然后判断条件，因此循环次数大于 0。

知识要点 4 break 语句

break 语句不仅可以使程序跳出 switch 多分支语句，还可以用于 for 语句、while 语句及 do...while 语句构成的循环结构中，使程序跳出循环，转移到循环之后的语句。

使用 break 语句时需要注意如下两点。

（1）break 语句在 switch 多分支语句中，只退出其所在的 switch 结构，而不影响 switch 所在的任何循环或与其嵌套的 switch 结构。

（2）break 语句在嵌套的循环中只能跳出它所在的那层循环，而不能从内层循环直接跳出最外层循环。

知识要点 5 continue 语句

continue 语句只能用在循环结构中，以用来提前结束本轮循环，进入下一轮循环。continue 语句与 break 语句的区别是：前者只是提前结束本轮循环进入下一轮循环，也就是不执行本轮循环 continue 之后的语句，但并不跳出循环结构；而后者则是直接跳出循环结构。

知识要点 6 循环结构的比较

如果在执行循环体之前能够确定循环次数，或者能够确定循环变量的初值、终值和步长，则一般选用 for 语句；如果循环次数由循环体执行的情况确定，并且循环体有可能一次也不执行，则一般选用 while 语句；如果循环次数由循环体执行的情况确定，并且循环体至少执行一次，则选用 do...while 语句。

用 while 语句和 do...while 语句处理同一问题时，若循环体部分一样，则它们的执行结果会有两种情况：如果 while 语句第一次判断条件为真，则二者的执行结果相同；否则二者的执行结果不同。

知识要点 7 循环结构的嵌套

循环结构的嵌套是指在一个循环结构的循环体内部又包含一个完整的循环结构。处于循环体内部的循环结构称为内层循环，处于循环体外部的循环结构称为外层循环。如果内层循环中再包含其他循环结构，则称为多重循环。根据解决问题的需要及语句的使用特色，for 语句、while 语句和 do...while 语句可以自身嵌套，也可以互相嵌套。为了使层次分明，嵌套循环最好采用缩进形式。

5.2 典型题解

【例题1】执行以下程序段后，k 值为（　　）。

```
int k=5;
while(k=0)  printf("%d",--k);
```

A. 5   B. 0

C. -1   D. 4

分析：while 语句的循环条件是一条赋值语句"k=0"，若循环条件为假，则不执行后面的语句，所以 k 的值为 0。

答案：B

【例题2】写出以下程序的输出结果。

```
#include <stdio.h>
main()
{int i=12345,k=1;
do{
switch(i%10)
{case 1:k++; break;
case 2:k--;
case 3:k+=2; break;
case 4:k=k%2; continue;
default:k=k/3;
}
k++;
}
while(i=i/10);
printf("k=%d",k);
 }
```

分析：本题重点考查 break 语句和 continue 语句的作用。break 语句既可以用在 switch 结构中，也可以用在循环结构中。本题的循环结构中嵌套了 switch 结构，此时 break 语句只能跳出内层的 switch 结构，而不能跳出属于外层循环结构的"k++"语句。而 continue 语句只能用于循环结构，当执行到 continue 语句时，当次循环的 continue 语句后面的语句都不执行。

答案：k=8

【例题3】查看以下两个程序段，当输入的 k 值分别为 6 和 10 时，比较分别执行两个程序段后 k 值的不同。

程序段 1：

```
scanf("%d",&k);
while(k<10)  ++k;
```

程序段 2：

```
scanf("%d",&k);
do
{ ++k;} while(k<10);
```

分析：

当输入 6 时，程序段 1 中的 while 语句循环条件为真，执行循环，直到 k 值为 10 时退出循环；在程序段 2 中首先执行 "++k" 然后 while 语句循环条件为真，执行循环，直到 k 值为 10 时退出循环。

当输入 10 时，程序段 1 中的 while 语句循环条件为假，不执行循环；在程序段 2 中首先执行 "++k"，这时 k 的值为 11，然后 while 语句循环条件为假，不执行循环。

答案：

输入 6 时，执行程序段 1 后，k 值为 10；执行程序段 2 后，k 值为 10。输入 10 时，执行程序段 1 后，k 值为 10；执行程序段 2 后，k 值为 11。

5.3　自我测试

1. 选择题

（1）以下程序的运行结果是（　　　）。

```
#include <stdio.h>
main()
{ int y;
for(y=9; y>0;y--)
    if(y%3==0) printf("%d",--y); }
```

A. 741　　　　　　　　　　　B. 963

C. 852　　　　　　　　　　　D. 875421

（2）以下描述中正确的是（　　　）。

A. 由于 do...while 语句的循环体中只能有一条语句，所以循环体内不能使用复合语句

B. do...while 语句由 do 开始，用 while 结束，在 "while(表达式)" 后面不能写分号

C. 在 do...while 语句的循环中，首先执行一次循环体，再进行判断

D. 在 do...while 语句的循环中，根据情况可以省略 while

（3）以下程序的输出结果是（　　　）。

```
#include <stdio.h>
main()
```

```
{ int i,j,m=55;
for(i=1;i<=3;i++)
    for(j=3;j<=i;j++)  m=m%j;
printf("%d\n",m);  }
```

A. 0   B. 1

C. 2   D. 3

（4）以下程序段的输出结果是（   ）。

```
int n=0;
while(n++<=2);
printf("%d",n);
```

A. 2   B. 3

C. 4   D. 语法错误

（5）以下程序段的输出结果是（   ）。

```
int x, y=0;
for(x=1;x<=10;x++)
{ if(y>=10)
  break;
  y=y+x;
 }
printf("%d  %d",y,x);
```

A. 10 5   B. 5 10

C. 10 4   D. 4 10

（6）以下程序段（   ）。

```
int x=0,s=0;
while (!x!=0)  s+=++x;
printf("%d",s);
```

A. 输出结果为1   B. 输出结果为0

C. 执行无限次   D. 其控制表达式是非法的

（7）执行以下程序段后，k 值为（   ）。

```
int k=5;
while(k==0)  printf("%d",--k);
```

A. 5   B. 0

C. −1   D. 4

（8）下列程序段中的内循环体的执行次数是（   ）。

```
for(i=0;i<5;i++)
for(j=4;j>0;j--)
{ ...}
```

A. 15   B. 16

C. 20   D. 25

（9）执行"for(m=1;m++<=5;);"语句后，变量 m 的值为（　　　）。

  A. 5　　　　　　B. 6　　　　　　C. 7　　　　　　D. 8

（10）若执行以下程序时输入 2473，则输出的结果是（　　　）。

```c
#include <stdio.h>
main()
{ int ch;
while((ch=getchar())!='\n')
{switch(ch-'2')
    { case 0:
      case 1: putchar(ch+4);
      case 2: putchar(ch+4); continue;
      case 3: putchar(ch+3); break;
      default: putchar(ch+2);  }
}
}
```

  A. 6897　　　　　　　　　　B. 668977

  C. 667789　　　　　　　　　D. 6688766

（11）以下程序段的输出结果是（　　　）。

```c
a=1;b=2; c=2; while(a<b<c) { t=a;a=b;b=t;c--;}
printf("%d,%d,%d",a,b,c);
```

  A. 2,1,1　　　　　　　　　B. 2,1,0

  C. 1,2,1　　　　　　　　　D. 1,2,0

（12）以下叙述中正确的是（　　　）。

  A. break 语句可以使程序跳出包含它的所有循环

  B. continue 语句的作用是使程序的执行流程跳出当前循环体

  C. break 语句可以用在循环体内和 switch 多分支语句内

  D. 在循环体内使用 break 语句和 continue 语句的作用相同

（13）以下程序的输出结果是（　　　）。

```c
#include <stdio.h>
main()
{ int x=0,y=0,i;
for(i=1;;++i)
{ if(i%2==0) {x++;continue;}
if(i%5==0) {y++;break;}
}
printf (" %d,%d",x,y); }
```

  A. 2,1　　　　　　　　　　B. 2,2

  C. 2,5　　　　　　　　　　D. 5,2

（14）以下不会构成无限循环的语句或语句组是（　　　）。

  A. n=0; do{++n;}while(n<=0);

B. n=0; while(1){n++;}

C. n=10; while(n); {n--;}

D. for(n=0,i=1; ;i++) n+=i;

（15）以下程序的输出结果是（   ）。

```
#include "stdio.h"
main()
{ int i=6;
while(i--) printf("%d",--i);
printf("\n"); }
```

A. 531   B. 420

C. 654321   D. 死循环

2. 填空题

（1）C 语言中三种循环语句分别是_____、_____和_____。

（2）无论哪种循环语句，一般都包含_____、_____及_____等要素。

（3）循环次数大于或等于 0 的循环语句是_____，循环次数有可能为 0 的循环语句是_____和_____。

（4）C 语言提供了两种转移控制语句，分别是_____和_____。

（5）_____语句能跳出当前循环结构，而_____语句只是提前结束本轮循环并进入下一轮循环，不能跳出循环结构。

（6）break 语句既可以用在_____，也可以用在_____。

（7）当将 while 语句改写为 do...while 语句时，"while(x!=0)"可以改写为_____，"while(x==0)"可以改写为_____。

（8）for 循环语句中的表达式可以部分或全部省略，但_____不能省略。

3. 编程题

（1）求 2+4+8+…+128+256 的结果。

（2）求 50 以内不能被 3 整除的数，输出时 8 个数字一行（分别用两种方法实现：用 continue 和不用 continue）。

（3）输出 1!+2!+3!+4!+5!的值。

（4）求一个最小正整数，要求该数与 5 的和是 6 的倍数，且与 5 的差是 7 的倍数。

（5）输入一个数字 a 和一个整数 n，s=a+aa+aaa+…+aaa…a，最后一项为 n 个 a。计算并输出 s 的值。

（6）打印加法口诀表。

5.4 上机实训

实训 5 循环结构程序设计

一、实训目的

（1）掌握使用 for 语句、while 语句和 do...while 语句编写循环结构程序的方法。

（2）掌握使用 break 语句和 continue 语句的使用方法。

（3）掌握编写循环结构嵌套程序的方法。

二、实训内容

（1）从键盘输入 50 个学生的成绩，输出其中的最高成绩和最低成绩。

（2）从键盘输入一行字符，统计其中英文字母、数字和其他字符的个数。

（3）输出 100～200 的所有素数，输出时 10 个数字一行。

（4）假设有红色球 5 个、绿色球 8 个、蓝色球 10 个，要从中取出 10 个球，且其中必须要有红色球，输出所有可能的方案。

项目 6

利用数组处理批量数据

6.1 知识要点

本项目概要

本项目主要从数组定义、数组元素引用及数组初始化等方面介绍一维数组、二维数组及字符数组的使用方法。要注意定义数组时方括号内必须是常量表达式，不能包含变量，数组元素的下标从 0 开始。由于字符串具有区别于数值型数组的特殊性，系统提供了一系列字符串处理函数。要注意 gets 函数、puts 函数和 scanf 函数、printf 函数在输入/输出字符和数组时的区别；使用 strlen、strcpy 等函数时要注意程序中应包含头文件 string.h。

知识要点 1 一维数组

1. 一维数组的定义

定义一维数组的一般形式如下：

```
类型 数组名[整型常量表达式];
```

例如：

```
int a[5];
```

说明：

（1）"类型"为任意合法的数据类型，表示数组元素的数据类型。

（2）"数组名"与变量名一样是标识符，因此数组名也应遵循标识符的命名规则。

（3）"整型常量表达式"表示数组元素的个数，其中可以包含常量和符号常量，不能包含变量，也就是说，C 语言不允许对数组进行动态定义。

以下数组定义是错误的：

```
int n;
scanf("%d",&n);
int a[n];
```

2. 一维数组的引用

对于整型、浮点型的数组，C 语言规定只能逐个引用数组元素而不能一次引用整个数组。数组元素的引用形式如下：

数组名[整型表达式]

说明：

（1）"整型表达式"为数组元素的下标，C 语言规定数组下标从 0 开始。例如，int a[5]有 5 个数组元素，分别为 a[0]、a[1]、a[2]、a[3]、a[4]。

（2）此处的"整型表达式"与数组定义时的"整型常量表达式"不同，这里的整型表达式中可以含有变量。

3. 一维数组的存储

数组被定义后，C 语言编译系统在内存中为数组分配了一段连续的存储空间，按照数组元素的下标依次存储。例如：

```
short a[5];
```

假设系统分配给数组 a 的起始地址是 1000，那么地址 1000 和地址 1001 的存储空间就用于存放 a[0]，依次类推，如图 6-1 所示。

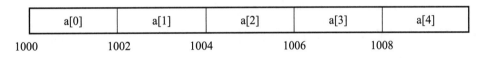

图 6-1　一维数组存储示意

4. 一维数组的初始化

（1）给所有元素赋初值。

例如：

```
int a[5]={2,5,8,6,9};
```

给所有元素赋初值时，数组长度可省略不写。以上定义可改写为：

```
int a[]={2,5,8,6,9};
```

（2）给部分元素赋初值。

例如：

```
int a[5]={2,5};
```

此时，a[0]的初值为 2，a[1]的初值为 5，a[2]、a[3]、a[4]的初值均为 0。

数组初始化时需要注意以下几点。

（1）赋初值时"{ }"中初值的个数不能超过数组的长度。如果初值个数多于数组长度，则有些编译器会忽略多余的初值，而有些编译器则会给出出错信息。

（2）如果初值的类型与数组的类型不一致，则编译系统会首先把初值的类型转换为数组的类型后再赋值。

（3）所谓"数组初始化"是指在定义数组阶段赋值，所以不能在定义数组之后再用初始化的方式赋值。

知识要点 2 二维数组

1. 二维数组的定义

二维数组用于存储矩阵中的各个元素，定义二维数组的一般形式如下：

```
类型 数组名[整型常量表达式1][整型常量表达式2];
```

例如：

```
int a[3][4];
```

2. 二维数组的引用

二维数组元素的引用形式为：

```
数组名[整型表达式1][整型表达式2]
```

说明：

（1）"整型表达式 1"和"整型表达式 2"分别代表数组元素的行标和列标，与一维数组对于下标的规定相同，行标和列标都从 0 开始。

（2）此处的"整型表达式"与定义数组时的"整型常量表达式"不同，这里的整型表达式中可以含有变量。

因为二维数组有两个下标，所以二维数组经常结合双重循环使用。例如：

```
int a[5][10],i,j;
for(i=0;i<5;i++)
    for(j=0;j<10;j++)
        scanf("%d",&a[i][j]);
```

以上程序段通过双重循环读取键盘上的输入，并存储到指定的数组元素中。

3. 二维数组的存储

可以将二维数组形象地看作行和列组成的表，C 语言采用行优先的方式存储二维数组，即首先在内存中依次存储第一行元素（行标为 0），然后再依次存放第二行元素（行标为 1），依次类推。例如：

```
int b[3][3];
```

其存储示意如图 6-2 所示。

b[0](起始地址 1000)	b[0][0]	b[0][1]	b[0][2]
b[1](起始地址 1012)	b[1][0]	b[1][1]	b[1][2]
b[2](起始地址 1024)	b[2][0]	b[2][1]	b[2][2]

图 6-2　二维数组存储示意

可以将数组 b 看作由 b[0]、b[1]和 b[2]这 3 个一维数组构成，而每个一维数组里又有 3 个元素，如 b[0]数组里有 b[0][0]、b[0][1]和 b[0][2]这 3 个元素。假设系统分配给数组 b 的起始地址是 1000，那么 b[0]、b[1]和 b[2]这 3 个数组的起始地址则如图 6-2 所示。

4. 二维数组的初始化

➢ 分行赋值

（1）全部赋值。例如：

```
int a[3][4]={{1,2,3,4},{5,6,7,8},{9,10,11,12}};
```

分行全部赋值时，可省略第一维长度，但第二维长度不能省略。以上定义可改写为：

```
int a[ ][4]={{1,2,3,4},{5,6,7,8},{9,10,11,12}};
```

（2）部分赋值，未被赋值的元素的值默认为 0。例如：

```
int a[3][4]={{1,2},{5,6},{9}};
int a[3][4]={{1,2,3},{5,6}};
int a[3][4]={{1,2},{},{9,10,11}};
```

分行部分赋值也可以省略第一维长度，如上述第一种定义可改写为：

```
int a[][4]={{1,2},{5,6},{9}};
```

但有时省略第一维长度可能会导致含义不同，试比较以下定义：

```
int a[3][4]={{1,2,3},{5,6}};
int a[ ][4]={{1,2,3},{5,6}};
```

➢ 按数组元素排列顺序连续赋值

（1）全部赋值。例如：

```
int a[3][4]={ 1,2,3,4,5,6,7,8,9,10,11,12};
```

这种赋值方法与分行赋值中的全部赋值效果一样，但不如分行赋值直观。按数组排列顺序为所有元素赋初值时，也可以省略第一维长度。以上定义可改写为：

```
int a[ ][4]={ 1,2,3,4,5,6,7,8,9,10,11,12};
```

（2）给部分元素赋初值，未被赋值的元素的值默认为 0。例如：

```
int a[3]{4]={ 1,2,3,4};
```

可以看出，二维数组初始化的方法非常灵活，需要好好理解。二维数组初始化同一维数组初始化一样，也需要注意以下几点。

（1）赋初值时"{}"中值的个数不能超过数组的长度。

（2）如果初值的类型与数组的类型不一致，编译系统会把初值类型转换成数组类型以进行赋值。

（3）所谓"数组初始化"是指在定义阶段赋值，所以不能在定义数组后再用初始化的方式赋值。

知识要点3 字符数组

1. 字符数组的定义

如果数组的数据类型为字符型，则此数组称为字符数组。字符数组可以是一维数组，也可以是二维数组。定义字符数组的一般形式如下：

```
char 数组名[整型常量表达式];
```

或

```
char 数组名[整型常量表达式1][整型常量表达式2];
```

例如：

```
char a[10];
char b[3][50];
```

2. 字符数组的引用

对于前面介绍的整型数组、浮点型数组只能逐个引用数组中的元素，不能引用整个数组。对于字符数组，既能引用字符数组中的元素，也能引用整个字符数组。

（1）引用字符数组中的元素。

引用字符数组元素的格式与前面介绍的一维数组相同，下面的程序段的功能是通过对数组元素的逐个引用以输入并输出10个字符：

```
char a[10],i;
for(i=0;i<10;i++)
scanf("%c",&a[i]);
for(j=0;j<10;j++)
 printf("%c",a[i]);
```

（2）引用整个字符数组。

使用引用整个字符数组的方式，上述程序段可改写为：

```
char a[10];
scanf("%s",a);
printf("%s",a);
```

对比以上两个程序段，可以了解两种引用字符数组的区别。

（1）格式符不同，逐个引用时格式符为"%c"，整体引用时格式符为"%s"。

（2）引用整个字符数组时输入语句为"scanf("%s",a);"，数组名a前面没有地址符，这是因为数组名就表示数组在内存中的首地址。

3. 字符数组的初始化

字符数组初始化时可以逐个字符初始化，也可以使用字符串整体赋值。

➢ 逐个字符初始化

（1）全部赋值。例如：

```
char a[4]={'g','o','o','d' };
```

初始化后 a[0]、a[1]、a[2]、a[3]中的元素分别为字母 g、o、o、d。为所有元素赋初值时，数组长度可省略不写。以上定义可改写为：

```
char a[ ]={'g','o','o','d' };
```

（2）部分赋值。部分赋值时，未被赋值的元素的默认值为 ASCII 值为 0 的字符，即'\0'。例如：

```
char a[4]={'g','o' ,'o' };
```

其在内存中的存储内容如图 6-3 所示。

g	o	o	\0

图 6-3　字符数组 a 存储内容

➢ 使用字符串整体赋值

字符串是使用双引号括起来的字符序列，系统会自动在字符串的末尾加上一个'\0'字符以作为字符串结束的标识。例如：

```
printf("Hello world!");
```

在执行以上语句时系统如何判定输出到哪里为止呢？实际上，在内存中存储时，系统自动在最后一个字符'!'后加了一个'\0'以作为字符串的结束标志。

在对 C 语言处理字符串的方法有了一定的理解后，就不难理解以下的赋值方法了：

```
char b[ ]={ "perfect"};
```

也可以省略花括号，直接写为：

```
char b[ ]= "perfect";
```

如果不省略数组的长度，则应该写为：

```
char b[8]= "perfect";
```

以上三种初始化方法在内存中的存储内容是一样的，如图 6-4 所示。

p	e	r	f	e	c	t	\0

图 6-4　字符数组 b 存储内容

由此可知，使用字符串整体赋值的方法更为直观方便，符合人们的习惯。此时，字符数组 b 的长度是 8，而不是 7，务必注意这一点。

试分析以下两种定义方式是否等价：

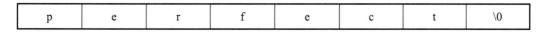

```
char b[ ]={'p','e','r','f','e','c','t'};
char b[ ]= "perfect";
```

知识要点 4 字符串处理函数

使用字符串输入/输出函数时，应包含头文件"stdio.h"；使用其他字符串处理函数时，应包含头文件"string.h"。

1. 字符串输入/输出函数

由于字符数组本质上存储的是字符串数据，因此字符数组可以按照字符串形式整体输入和输出。

（1）字符串输入函数。

字符串输入函数的一般形式如下：

```
gets(字符数组名);
```

说明：

从键盘输入一个字符串，并将字符串保存到字符数组中。输入结束后，添加结束标志'\0'。

例如：

```
char a[10];
gets(a);
```

前面曾经用"scanf("%s",a);"将键盘输入的字符串保存到字符数组中，两者之间的区别是：使用 scanf 函数输入字符串时，系统以空格、Tab 键、回车键作为字符串输入的结束标志；使用 gets 函数输入字符串时，可以输入空格、Tab，只有按回车键时才结束输入。

（2）字符串输出函数。

字符串输出函数的一般形式如下：

```
puts(字符数组名);
```

或

```
puts(字符串);
```

说明：

从字符数组或字符串的起始字符开始输出，直到遇到结束标志'\0'为止。输出字符串后自动换行。

前面曾经用"printf("%s",a);"输出字符数组中的字符串，两者之间的区别是：使用 printf 函数输出字符串后并不换行；使用 puts 函数输出字符串后自动换行。

无论是使用 printf 函数还是使用 puts 函数整体输出字符串，都是检测到字符串结束标志'\0'时结束输出。若字符数组采用逐个字符初始化，且元素中不包含'\0'，则系统会因检测不到结束标志而输出一些无关字符。为解决这一问题，建议采用逐个字符初始化字符数组时，手动添加元素'\0'。例如：

```
char a[5]={'g','o','o','d','\0'};
```

2. 包含头文件 "string.h" 的字符串处理函数

（1）求字符串长度函数。

求字符串长度函数的一般形式如下：

```
strlen(s)
```

说明：

求字符数组或字符串的有效字符个数，即'\0'之前的字符个数。

（2）字符串复制函数。

字符串复制函数的一般形式如下：

```
strcpy(s1,s2)
```

说明：

将字符串或字符数组 s2 的内容复制到字符数组 s1 中。s1 必须是有足够容量的字符数组，s2 即可以是字符数组，也可以是字符串常量。

因为数组名代表的是数组的首地址，所以不能进行赋值运算，只可以使用 strcpy 函数进行复制。

（3）字符串连接函数。

字符串连接函数的一般形式如下：

```
strcat(s1,s2)
```

说明：

将字符串或字符数组 s2 的内容连接到字符数组 s1 原有内容的后面。s1 必须是有足够大容量的字符数组，s2 即可以是字符数组，也可以是字符串常量。

（4）字符串比较函数。

字符串比较函数的一般形式如下：

```
strcmp(s1,s2)
```

说明：

比较字符串 s1 和字符串 s2 内容的大小。s1、s2 都既可以是字符数组，也可以是字符串常量。若字符串 s1 大于字符串 s2，则该函数的返回值为正数；若字符串 s1 小于字符串 s2，则该函数的返回值为负数；若字符串 s1 等于字符串 s2，则该函数的返回值为 0。

字符串比较的规则：两个字符串从左至右的字符按照 ASCII 值的大小逐个进行比较，直到出现不相同的字符或遇到'\0'为止。

同样，因为数组名代表的是数组的首地址，所以不能直接使用比较运算符比较两个

字符数组的内容，而应使用 strcmp 函数进行比较。

6.2 典型题解

【例题 1】下列定义中正确的是（　　）。

   A. int a[ ]={1,2,3,4,5};

   B. int b[1]={2,5};

   C. int a(10);

   D. int 4e[4];

分析：选项 B 中定义数组 b 时应只包含一个元素；选项 C 中数组定义时应使用中括号；选项 D 中违反了数组名不能使用数字开头的规定。

答案：A

【例题 2】若有二维数组 a[m][n]，则数组中 a[i][j]之前的元素的个数为（　　）。

   A. j*m+I   B. i*n+j

   C. i*m+j+1   D. i*n+j+1

分析：a[i][j]之前从 0～i-1 共 i 行元素，即 i*n 个元素；在第 i 行，从 a[i][0]～a[i][j-1] 共 j 个元素，所以 a[i][j]之前共有 i*n+j 个元素。

答案：B

【例题 3】请查看以下两个程序段，分析输入"Good morning"时输出结果的区别。

程序段 1：

```
char a[20];
gets(a);
puts(a);
puts("Good night");
```

程序段 2：

```
char a[20];
scanf("%s",&a);
printf("%s",a);
puts("Good night");
```

分析：程序段 1 使用 gets 函数输入，该函数能够接收包括空格、Tab 键在内的字符；而程序段 2 使用 scanf 函数输入，系统以空格、Tab 键、回车键作为字符串输入的结束标志。程序段 1 使用 puts 函数输出完毕后自动换行；而程序段 2 使用 printf 函数输出完毕后并不换行。

答案：程序段 1 的输出结果为：

```
Good morning
```

```
Good night
```

程序段 2 的输出结果为：

```
GoodGood night
```

6.3 自我测试

1. 选择题

（1）定义 "int a[4]={5,3,8,9};" 其中 a[3]的值为（　　　）。

A. 5 　　　　　　　　　　B. 3

C. 8 　　　　　　　　　　D. 9

（2）以下数组定义中，（　　　）是错误的。

A. int a[7]; 　　　　　　B. #define N 5　long b[N];

C. char c[5]; 　　　　　　D.　int n,d[n];

（3）有以下数组说明，则数值最小和最大的元素的下标分别是（　　　）。

```
int a[12] ={1,2,3,4,5,6,7,8,9,10,11,12};
```

A. 1,12 　　　　　　　　B. 0,11

C. 1,11 　　　　　　　　D. 0,12

（4）以下叙述中错误的是（　　　）。

A. 对于 double 类型数组，不可以直接用数组名对数组进行整体输入或输出

B. 数组名代表的是数组所占存储区的首地址，其值不可改变

C. 在执行程序时，数组元素的下标超出所定义的下标范围时，系统将给出 "下标越界" 的提示信息

D. 可以通过赋初值的方式确定数组元素的个数

（5）执行以下程序段后，变量 k 的值是（　　　）。

```
int k=3,s[2];
s[0]=k; k=s[1]*10;
```

A. 不定值 　　　　　　　B. 33

C. 30 　　　　　　　　　D. 10

（6）以下不能对二维数组 a 进行正确初始化的语句是（　　　）。

A. int a[2][3]={0};

B. int a[][3]={{1,2},{0}};

C. int a[2][3]={{1,2},{3,4},{5,6}};

D. int a[][3]={1,2,3,4,5,6};

（7）若"int a[ ][3]={1,2,3,4,5,6,7};"，则 a 数组第一维的大小是（　　）。

A. 2

B. 3

C. 4

D. 无确定值

（8）下列程序运行后的输出结果是（　　）。

```
#define MAX 10
 main()
{ int i,sum,a[]={1,2,3,4,5,6,7,8,9,10};
sum=1;
for(i=0;i<MAX;i++) sum-=a[i];
printf("sum=%d\n",sum); }
```

A. sum=55

B. sum=-54

C. sum=-55

D. sum=54

（9）若"char s[10]= "abcd",t[]="12345";"，则 s 和 t 在内存中分配的字节数分别是（　　）。

A. 6 和 5

B. 6 和 6

C. 10 和 5

D. 10 和 6

（10）以下程序运行后的输出结果是（　　）。

```
#include <stdio.h>
main()
{ char c[5]={'a','b','\0','c','\0'};
printf("%s",c); }
```

A. 'a' 'b'

B. ab

C. ab c

D. ab\0c\0

（11）定义以下字符数组，则"printf("%s\n", str[2]);"的输出结果是（　　）。

```
str[3][20] ={ "basic","windows","dev"};
```

A. basic

B. windows

C. dev

D. 输出语句出错

（12）以下程序运行后的输出结果是（　　）。

```
#include <stdio.h>
main()
{ int a[3][3]={1,2,3,4,5,6,7,8,9},i;
for(i=0;i<=2;i++) printf("%d  ",a[i][2-i]); }
```

A. 3 5 7

B. 3 6 9

C. 1 5 9

D. 1 4 7

（13）用 scanf 函数输入一个字符串到字符数组 str 中，以下语句中正确的是（　　）。

A. scanf("%s",&str);

B. scanf("%c",&str[10]);

C. scanf("%s",str[10]);

D. scanf("%s",str) ;

（14）执行以下程序段后（　　　）。

```
char a[3],b[ ]="China"; a=b; printf("%s",a);
```

A. 将输出 China　　　　　　　　B. 将输出 Ch

C. 将输出 Chi　　　　　　　　　D. 编译出错

（15）以下程序运行后的输出结果是（　　　）。

```
#include <stdio.h>
#include <string.h>
main()
{char a[10]="abcd";
printf("%d, %d\n",strlen(a),sizeof(a));
}
```

A. 7,4　　　　　　　　　　　　B. 4,10

C. 8,8　　　　　　　　　　　　D. 10,10

2. 填空题

（1）在 C 语言中，数组的各元素必须具有相同的_____，元素的下标下限为_____。

（2）在 C 语言中，数组在内存中占一片_____的存储区，由_____代表它的首地址。

（3）在 C 语言中，二维数组的元素在内存中的存放顺序是按先____后____。

（4）执行 "a[ ][3] ={1,2,3,4,5,6};" 后，a[1][2] = _____。

（5）a 是一个一维整型数组，有 10 个元素，前 5 个元素的初值分别是 9、2、7、32、-5，正确的说明语句为_____。

（6）有定义 "char a[]="Dev-C++",b[]= "5.10";"，则语句 "printf("%s",strcat(a,b));" 的输出结果为_____。

（7）有定义 "long x[3][4];"，则 sizeof(x) 的值为_____。

（8）有定义 "int a[3][4] ={{1,5,3},{2},{3}};"，则 a[0][2] 的值为_____，a[1][1] 的值为_____，a[2][1] 的值为_____。

（9）将字符串 s1 复制到字符串 s2 中，其语句是_____。

（10）字符串 "ab\n\\012/\\\\"" 的长度为_____。

3. 编程题

（1）对数组 num 中的 20 个整数进行初始化，求数组中小于零的数据的和。

（2）从键盘输入 10 个整数并存入一维数组，计算其中奇数的个数并输出。

（3）输入 10 个学生的 3 门课程成绩，分别统计各门课程中及格的人数。

（4）从键盘输入一个 2*3 的矩阵，将其转置后形成 3*2 的矩阵并输出。

（5）将字符数组 a[20]中下标值为偶数的元素按照元素值从小到大的顺序排列，其他元素不变（数组内容由用户输入）。

（6）在字符数组 a 中存储"language"，在字符数组 b 中存储"lbngma"，编写程序，输出两个字符串中对应位置字符相同的字符。

6.4 上机实训

实训 6 利用数组处理批量数据

一、实训目的

（1）掌握使用一维数组的编程方法。

（2）掌握使用二维数组的编程方法。

（3）掌握使用字符数组的编程方法。

二、实训内容

（1）输入 10 个学生的成绩，统计高于平均分的人数。

（2）输入 20 个整数到一维数组中，求出其中的素数并输出。

（3）计算并输出杨辉三角形的前 10 行。

（4）从键盘输入一个由 5 个字符组成的单词，判断该单词是否为"hello"，并显示判断结果。

项目 7

用函数实现模块化程序设计

7.1 知识要点

本项目概要

本项目主要介绍函数的定义和调用，在实现函数功能部分主要介绍函数原型说明和调用的关系、形参和实参，要求能够区分"值传递"和"地址传递"。关于函数的嵌套调用和递归调用相关知识，要求掌握函数嵌套调用和递归调用的程序设计方法。通过学习变量的作用域，要求了解变量的作用域范围的划分，理解局部变量、全局变量的存储类别的概念。函数的定义和调用是本项目的重点，函数的作用域是本项目的难点。

知识要点 1　函数的定义

函数定义的一般形式如下：

```
类型名　函数名 (形式参数列表)
{
    函数体
}
```

函数体包括声明部分和语句部分。

知识要点 2　函数的调用

1. 函数调用的一般形式

函数调用的一般形式如下：

```
函数名 (实参列表);
```

如果调用无参函数，则"实参列表"可以没有，但括号不能省略；如果实参列表中包含多个实参，则各实参间用逗号隔开。

2. 函数声明

函数声明的一般形式如下：

函数类型　函数名(参数类型1　参数名1,参数类型2　参数名2,…,参数类型n　参数名n)；

其中，参数名 1、参数名 2、…、参数名 n 可以省略。

知识要点 3　函数的参数和返回值

1. 形参和实参

形参就是形式参数，在定义函数时提供的参数就叫作形参，因为此时该参数只作为一个占位符而已。而实参就是在真正调用这个函数时传递进去的数据，是一个实实在在的数据。实参可以是常量、变量或表达式。形参和实参的功能其实就是用作数据传送。

2. 形参和实参之间的数据传递

在调用函数的过程中，系统会把实参的值传递给被调用函数的形参。或者说，形参从实参得到一个值，该值在函数调用期间有效，并可以参加该函数中的运算。在调用函数过程中发生的实参与形参之间的数据传递称为"虚实结合"。

3. 函数的返回值

函数的返回值是通过函数中的 return 语句获得的，return 语句的一般形式如下：

```
return(表达式);
```

或

```
return 表达式;
```

知识要点 4　函数的嵌套调用和递归调用

C 语言中的函数定义是相互独立的，也就是说，在定义函数时，在一个函数内不能再定义另一个函数，即不能嵌套定义。但函数的调用是可以嵌套的，即在调用一个函数的过程中，可以调用另一个函数，称为函数的嵌套调用。如果在调用函数的过程中又直接或间接地调用该函数本身，则称为函数的递归调用。

知识要点 5　数组作为函数参数

（1）数组元素作为函数参数。

（2）一维数组名作为函数参数。

（3）多维数组名作为函数参数。

知识要点 6 函数的作用域

1. 局部变量

局部变量是在函数内部声明的变量，这包括函数的形参。局部变量仅在包含该变量声明的函数中才起作用，在函数外则不能使用这些变量。在复合语句内部定义的变量，其作用范围仅限于复合语句内部。

2. 全局变量

在函数外部定义的变量称为外部变量，也叫全局变量。如果需要在多个函数中使用同一个变量，则需要用到全局变量，因为全局变量可以被本程序中的其他函数所共用。

知识要点 7 变量的存储类别

1. 自动变量

在代码块中声明的变量的默认存储类别是自动变量（auto）。自动变量使用关键字 auto 来描述。因此，函数中的形参、局部变量及复合语句中定义的局部变量都是自动变量。

2. 寄存器变量

寄存器是存在于 CPU 内部的，CPU 对寄存器的读取和存储几乎没有任何延时。将一个变量声明为寄存器变量（register），那么该变量就有可能被存放于 CPU 的寄存器中。

3. 静态局部变量

如果使用 static 来声明局部变量，那么就可以将局部变量指定为静态局部变量（static）。static 使得局部变量具有静态存储期，所以它的生存期与全局变量一样，其存储空间直到程序结束才被释放。

4. 外部变量

如果外部变量不在文件的开头被定义，则其有效的作用范围只限于该变量被定义处到文件结束。在该变量被定义处之前的函数不能引用该变量。

7.2 典型题解

【例题 1】以下程序的输出结果是（ ）。

```
func(int a,int b)
{ int c;
  c=a-b;
```

```
        return c;
    }
main()
{ int x=6,y=7,z=8,r;
  r=func((x--,++y,x+y),z--);
  printf("%d\n",r);
}
```

A. 4   B. 7   C. 5   D. 6

分析：无论 main 函数出现在程序的前面、中间还是后面，C 语言程序总是从 main 函数开始执行。调用函数"func((x--,++y,x+y),z--);"时，首先计算逗号表达式"(x--,++y,x+y)"的值，x 减 1 后值为 5，y 增 1 后值为 8，x+y=5+8=13；然后进行参数传递，a=13，b=8，z 减 1 变成 7；最后函数返回 a-b 的值为 5。

答案：C

【例题 2】 以下程序的输出结果是（   ）。

```
fun(int x,int y,int z)
{ z=x*x+y*y;}
main()
{ int a=31;
  fun(5,2,a);
  printf("%d",a);
}
```

A. 0   B. 29   C. 31   D. 无确定值

分析：执行语句"fun(5,2,a);"后变量 a 的值不变，因为本程序中 fun 函数调用的参数传递是单向的"值传递"，即只将实参变量 a 的值传递给形参变量 z，虽然 z 值由 31 变成 29，但它并不回传给 a。

答案：C

【例题 3】 定义一个数组，从键盘为数组输入 10 个整数，找出该数组中的最大值。

分析：定义 max 函数，求两个数中的较大值，每次将两个数中的较大值和下一个数比较，以得到新的较大值，当数组中的所有元素被比较完后，最终得到的较大值就是整个数组的最大值。

答案：

```
#include<stdio.h>
int max(int x, int y)
{ return x>y?x:y;}
main()
{ int a[10],i,m;
  printf("input 10 integers:\n");
  for(i=0;i<10;i++)
    scanf("%d",&a[i]);
  m=a[0];
  for(i=1;i<10;i++)
```

```
    m=max(m,a[i]);
    printf("max is %d",m);
}
```

7.3 自我测试

1. 选择题

（1）以下叙述中不正确的是（　　）。

    A．建立函数的目的之一是提高程序的效率

    B．建立函数的目的之一是提高程序的可读性

    C．建立函数的目的之一是提高程序员的工作效率

    D．函数的递归调用不能提高程序的效率

（2）以下函数的类型是（　　）。

```
func(double x)
{ printf("%f\n",x*x);}
```

    A．与参数 x 类型相同　　　　B．void 类型

    C．int 类型　　　　　　　　　D．无法确定

（3）以下程序的输出结果是（　　）。

```
f(int b[],int n)
{ int i,r;
  r=1;
  for(i=0;i<=n;i++)
     r=r+b[i];
  return r;
}
main()
{ int x,a[]={2,3,4,5,6,7,8,9};
  x=f(a,3);
  printf("%d\n",x);
}
```

    A．720　　　　　　　　　　　B．120

    C．24　　　　　　　　　　　　D．6

（4）在 C 语言程序中，若对函数类型未加显式声明，则函数的隐含类型是（　　）。

    A．double　　　　　　　　　　B．int

    C．char　　　　　　　　　　　D．void

（5）以下对 C 语言函数的有关叙述中，正确的是（　　）。

    A．在 C 语言中调用函数时，只能把实参的值传给形参，形参的值不能传给实参

    B．C 函数既可以嵌套定义，又可以递归调用

C．函数必须有返回值，否则不能使用函数

D．C 语言程序中有调用关系的所有函数必须放在同一个程序文件中

（6）以下程序的输出结果是（　　）。

```
fun(int x,int y){return(x+y);}
main()
{int a=1,b=2,c=3,sum;
 sum=fun((a++,b++,a+b),c++);
 printf("%d\n",sum);
}
```

A．6　　　　　　　　　　　　　B．7

C．8　　　　　　　　　　　　　D．9

（7）以下函数调用语句中，含有的实参个数是（　　）。

```
func(exp1,(exp2,exp3),(exp4,exp5,exp6));
```

A．1　　　　　　　　　　　　　B．2

C．3　　　　　　　　　　　　　D．6

（8）以下程序的输出结果是（　　）。

```
int f(a,b)
int a,b;
{ int c;
  c=a;
  if(a>b) c=1;
  else if(a==b) c=0;
    else c=-1;
  return c;
}
main()
{ int i=2 p;
  p=f(i,i+1);
  printf("%d",p);
}
```

A．-1　　　　B．0　　　　　　C．1　　　　　　D．2

（9）以下程序的输出结果是（　　）。

```
main()
{ double f();
  int i,m=3;float a=0.0;
  for(i=0;i<0;i++)
    a+=f(i);
}
double f(int n)
{ int i;doubles=1.0;
  for(i=1;i<=n;i++)
    s+=1.0/i;
  return s;
}
```

A．5.500000　　　　　　B．3.000000

C．4.000000　　　　　　D．8.25

（10）以下函数的功能是（　　）。

```
fun(char s[],char t[])
{ int i=-1;
  while(i++,s[i]==t[i]&&s[i]!='\0');
  return(s[i]=='\0'&&t[i]=='\0');
}
```

A．比较字符串 s 和 t 的长度　　B．比较字符串 s 和 t 的大小

C．比较字符串 s 和 t 是否相等　　D．将字符串 t 复制给 s

（11）在 C 语言程序中调用函数时，（　　）。

A．实参和形参各占用一个独立的存储单元

B．可以由用户指定是否共用存储单元

C．由计算机系统自动确定是否共用存储单元

D．实参和形参可以共用存储单元

（12）执行以下程序后，变量 w 的值为（　　）。

```
int fun1(double a){return a*=a;}
int fun2(double x,double y)
{double a=0,b=0;
 a=fun1(x); b=fun1(y);
 return (int)(a+b);
}
main()
{double w;w=fun2(1.1,2.0),
...}
```

A．5.　　　　B．5　　　　C．5.0　　　　D．0.0

（13）若从键盘输入 10，则以下程序的输出结果是（　　）。

```
int fun(int n)
{ if (n==1) return1;
  else return (n+fun(n-1);
}
main()
{ int x;
  scanf("%d",&x);
  x=fun(x);
  printf("%d\n",x);
}
```

A．55　　　　B．54　　　　C．65　　　　D．45

（14）以下程序的输出结果是（　　）。

```
int fun(int x[],int n)
{ static int sum=0,i;
  for(i=0;i<n;sum+=x[i++])
```

```
  return sum;
}
main()
{ int a[5]={1,2,3,4,5},b[4]={6,7,8,9},s=0;
  s=fun(a,5)+fun(b,4);
  printf("%d\n",s);
}
```

A. 45 　　　　B. 50 　　　　C. 60 　　　　D. 55

（15）以下程序的输出结果是（　　）。

```
void fun (int p)
{ int d=2;
  p=d++;
  printf("%d",p);}
main()
{ int a=1;
  fun(a);
  printf("%d\n",a);}
```

A. 32 　　　　B. 12 　　　　C. 21 　　　　D 22

2. 填空题

（1）如果定义一个函数时没有指定该函数的返回值的类型，则其返回值的类型是＿＿＿＿＿。

（2）以下程序的功能是：分别计算 1 到 10 之间的奇数之和与偶数之和，请完成填空。

```
main()
{   int a,b,c,i;a=c=0;
    for(i=0;i<=10;i+=2)
    {   a+=i;
        ＿＿＿＿＿＿＿＿＿；
      c+=b;
    }
    printf("偶数之和=%d\n",a);
    printf("奇数之和=%d\n",c-11);
}
```

（3）以下程序的功能是：输出 100 以内能够被 3 整除且个位数为 6 的所有整数，请完成填空。

```
main()
{ int i,j;
  for(i=0;＿＿＿＿＿＿＿＿；i++)
  { j=i*10+6;
  if(＿＿＿＿＿＿＿＿)
      continue;
  printf("%d",j);
  }
}
```

（4）以下程序的功能是：将字符数组 a 中下标值为偶数的元素按照元素值从小到大的顺序排列，其他元素的位置不变，请完成填空。

```
#include<stdio. h>
main()
{ char a[]="clanguage",t;
  int i,j,k;
  k=strlen(a);
  for(i=0;i<=k-2;i+=2)
  for(j=i+2;j<=k;_____)
    if( _____②_____ )
    { t=a[i];a[i]=a[j];a[j]=t;
    }
  puts(a);
  printf("\n");
}
```

（5）以下程序中，主函数 main 调用了 LineMax 函数，要求输出在 N 行 M 列的二维数组中的每一行的最大值，请完成填空。

```
#define  N  3
#define  M  4
void LineMax(int x[N][M])
{ int i,j,p;
  for(i=0;i<N;i++)
  { p=0;
    for(j=1;j<M;j++)
    if( x[i][p]<x[i][j]) _____;
    printf("The max value in line %d is %d\n",i,_____);
  }
}
main()
{  int x[N][M]={1,5,7,4,2,6,4,3,8,2,3,1};
  _____}
```

（6）以下程序的输出结果为_____。

```
int a,b;
void fun()
{a=100;
 b=200;
}
main()
{ int a=5,b=7;
    fun();
  printf("%d,%d\n",a,b);
}
```

（7）以下程序的输出结果为_____。

```
int f()
{ static int  i=0;
  int s=1;
  s+=i;
  w++;
  return s;
}
main()
{ int i,a=0;
```

```
        for(i=0;i<5;i++)
          a+=f();
        printf("%d\n",a);
      }
```

（8）以下程序的输出结果为＿＿＿＿＿＿＿＿。

```
    void fun(int a,int b)
    { a=a+10;
      b=b+100;
    }
    main()
    {int x=5,y=8;
     fun(x,y);
     printf("%d,%d\n",x,y);
    }
```

（9）以下程序的输出结果为＿＿＿＿＿＿＿＿。

```
    int f(int b[],int n)
    { int i,r=1;
      for(i=0;i<=n;i++)
        r=r*b[i];
      return r;}
    main()
    { int x,a[]={2,3,4,5,6,7,8,9};
      x=f(a,3);
      printf("%d\n",x);
    }
```

（10）以下程序的输出结果为＿＿＿＿＿＿＿＿。

```
    int f(int b[][4],int n)
    { int i,j,sum=0;
    for(i=0;i<n/2;i++)
      for(j=0;j<4;j++)
      Sum+=b[i][j];
    return sum;
      }
     main()
    { int x,a[3][4]={1,2,3,4,5,6,7,8,9,10,11,12};
      x=f(f,3);
      printf("%d\n",x);
    }
```

3. 编程题

（1）编写一个函数，其功能为：计算 100 以内个位数是 5 且能被 3 整除的整数个数。

（2）编写一个函数，其功能为：将一个数组中的元素以逆序的方式输出。

（3）编写一个函数，其功能为判断输入的数据是否为素数，要求通过主函数对其进行调用。

（4）某校团委需统计各班学生"青年大学习"的完成情况，要求如下。

（a）定义函数 count，用于计算班级"青年大学习"的完成比率（完成比率=已完成人数÷应完成人数）。

（b）在 count 函数中，根据完成比率输出对应等级，对应关系为：完成比率≥90%为"优秀"；完成比率≥80%且完成比率<90%为"良好"；完成比率≥60%且完成比率<80%为"合格"；其他情况为"不合格"。

（c）通过主函数对 count 函数进行调用。

7.4 上机实训

实训 7 用函数实现模块化程序设计

一、实训目的

（1）掌握函数的定义方法。

（2）掌握函数的实参与形参的关系，以及值传递的方式。

（3）掌握函数的嵌套调用和递归调用的方法。

（4）掌握全局变量、局部变量、动态变量、静态变量的概念和使用方法。

二、实训内容

（1）输入并执行以下程序，分析程序的输出结果。

```
void fun ( int p)
{   int d=2;
    p=d++; printf("%d",p);
}
main()
{ int a=1;
  fun(a);
  printf("%d\n",a);
}
```

（2）编写函数 findmax，要求在数组中查找最大值以作为函数的返回值，并在主函数中调用它。参考程序如下。

```
#define MIN -2147483647
int findmax (int x[],int n)
{ int i,max;
  max=MIN;
  for(i=0;i<n;i++)
  if (max<x[i]) max=x[i];
  return max;
}
main()
{ int a[12]={12,56,78,89,456,33,876,45,789,55};
  printf("最大值=%d\n",findmax(a,x));
}
```

在一个数列中求最大值 max 的方法是：首先将最小值（−2147483647）赋值给 max 变量，再依次检查数组 x 中的前 n 个元素，如果某元素比 max 大，就立即用新值更新 max 变量的值，从而保证 max 始终是当前元素中的最大值。findmax 函数最终返回的就是数组 x 中的前 n 个元素中的最大值。

（3）编写程序，调用随机函数 rand 用以产生 0 到 19 的随机数，并在数组中存入 15 个互不重复的整数。要求在主函数中输出结果。

参考程序如下。

```c
#include<stdio.h>
rand ( int a[],int n)
{ int i,j,x,y;
  for ( i=0;i<n:i++)
{ do
  { x=0;
    y=rand()%20;                    //产生0到19的随机数
    for( j=0;j<i;j++)
    if(y==a[j])  x=1;               //若y与前i个随机数相同，则x置1
  }white(x);   //若x为真，则说明产生的随机数重复，需要重新产生一个随机数
  a[i]=y;
}
}
main()
{ int i,a[15];
  rand(a,15);
  for(i=0;i<15;i++)
  { if(i%5==0)  printf("\n");       //每行输出5个数据
    printf("%7d",a[i]);
  }
}
```

（4）接上题，若要判断随机数是否重复，还可以采用另一种方法。用静态整型数组 b[20]作为判断某随机数是否已产生的标志。若 b[y]=1，则表示随机数 y 已产生；若 b[y]=0，则表示随机数 y 未产生。这样就可减少比较的次数。rand 函数改写如下（只需要双重循环）：

```c
rand( int a[],int n)
{ int i,j,y;
  static int b[20]={0};
  for(i-0;i<n;i++)
  { do
   {y=rand()%20;
   }while(b[y]);
   a[i]=y;
   b[y]=1;     //设置随机数y已产生的标志
   }
}
```

项目 8

利用指针灵活处理程序

8.1 知识要点

本项目概要

指针是 C 语言的精华部分。正确而灵活地运用指针可以有效地表示复杂的数据结构，方便地使用字符串、数组和机器语言所能完成的功能，从而使程序清晰、简洁，并可生成紧凑、有效的代码。本项目的重点是掌握指针与指针变量的概念，难点是如何使用指针引用数组中的数据。

知识要点 1 指针和指针变量的概念

1. 指针的概念

将存储空间的首地址（变量的地址）形象化地称为"指针"。

可以定义一个变量专门用来存放指针，则该变量称为"指针变量"。

2. 定义指针变量

定义指针变量的一般形式如下：

    类型名 *指针变量名；

知识要点 2 指针变量的操作

1. 指针操作的运算符

C 语言提供了两种与指针有关的运算符：取地址运算符"&"和取值运算符"*"（或称"间接访问"运算符）。例如，&a 是变量 a 的地址，*p 代表指针变量 p 指向的对象。

2. 指针的运算

（1）赋值运算。

通过赋值表达式，将同类型的变量地址赋给指针。

（2）算术运算（加减运算）。

指针的算术运算包括增/减量运算，通常用于计算指向数组元素的指针变量。指针的算术运算的增/减量的单位是 1。

（3）关系运算。

与普通变量一样，指针可以进行关系运算，指向同一数组的两个指针变量进行关系运算时，可表示它们所指向的数组元素之间的关系。

知识要点 3　指针与数组

1. 指向一维数组的指针

指针变量可以指向数组或数组元素，可以将数组的起始地址存放到一个指针变量中。假设定义一个一维数组，该数组在内存中由系统分配一个存储空间，则该数组的名字就是数组在内存中的首地址。若再定义一个指针变量，并将数组的首地址传给指针变量，则该指针变量就指向了这个一维数组。因此，数组名是数组的首地址，也就是数组的指针，而定义的指针变量就是指向该数组的指针变量。对于一维数组的引用，既可以用传统的数组元素的下标法，也可使用指针法。

2. 指向二维数组的指针

C 语言中并没有真正意义上的二维数组，因此二维数组的实现，只能简单地通过"线性扩展"的方式进行。

3. 指向字符串的指针

在 C 语言中，字符串是用字符数组来存放的。因此在对字符串进行操作时，既可以通过定义字符数组，也可以通过定义字符指针（指向字符型数据的指针）来存取所需字符。

知识要点 4　指针与函数

1. 指针变量作为函数参数

在 C 语言中，函数的参数传递有两种方式：传递值和传递地址。前面讲过的整型数据、实型数据或字符型数据等都可以作为函数参数进行传递，这些类型数据传递的是变量的值，这种方式称为"传递值"方式。指针变量的值是一个地址，指针变量作为函数参数时，传递的是一个指针变量的值，但这个值是另一个变量的地址，因此，这种把变量的地址传递给被调用函数的方式称为"传递地址"方式。

2. 返回指针值的函数

一个函数的类型是由其返回值类型决定的，若函数返回值类型为整型（int），则称为整型函数。同理，如果一个函数的返回值为指针，则称为返回指针值的函数或指针函数。定义指针函数与定义指针变量一样，在类型后边加一个"*"即可。

指针函数的一般定义形式如下：

```
类型标识符*函数名(形参表)
{函数体}
```

其中，"类型标识符"表示函数返回的指针所指向的类型，"函数名"前的"*"表示此函数的返回值是指针值。

3. 函数指针

函数在编译时也被系统分配一块存储区域，它有一个起始地址，即函数的入口地址，这个入口地址称为函数的指针。

与数组指针一样，使用小括号将函数和前边的星号括起来，就是一个函数指针。指针函数和函数指针的一般定义形式如下：

指针函数：

```
int *p ();
```

函数指针：

```
int (*p) ();
```

8.2 典型题解

【例题 1】用指针方法对 10 个整数按由大到小顺序排序。

分析：在主函数中定义数组 a 并为其存入 10 个整数，定义 int 类型指针变量 p，并定义该指针指向 a[0]。定义函数 sort，其功能是使数组 a 中的元素按由大到小的顺序排列。在主函数中调用 sort 函数，用指针变量 p 作为实参。sort 函数的形参为数组名。用选择排序法进行排序。

答案：

```
#include <stdio.h>
 main()
  {void sort(int x[],int n);                    //sort函数声明
   int i, *p,a[10];
   p=a;                                          //指针变量p指向a[0]
   printf ("please enter 10 integer numbers: ");
```

```
        for (i=0; i<10; i++)                    //输入10个整数
          scanf("%d",p++);
        p=a;                                    //指针变量p重新指向a[10]
        sort(p,10);                             //调用sort函数
        for (p=a,i=0; i<10; i++)
          {printf ("%d",*p);                    //输出排序后的10个数组元素
          p++;
          }
        printf ("\n");
}
void sort (int x[],int n)                       //定义sort函数
 {int i,j,k,t;
   for(i=0; i<n-1; i++)
     {k=i;
      for(j=i+1; j<n; j++)
        if(x[j]>x[k])  k=j;
if(x[j]>x[k])  k=j;
  if (k!=i)
       {t=x[i];x[i]=x[k];x[k]=t;}
     }
}
```

输出结果如下：

```
please enter 10 integer numbers: 12 34 5 689 -43 56 -21 0 24 65
689 65 56 34 24 12 5 0 -21 -43
```

【例题 2】 有一个 3×4 的二维数组，要求用指向元素的指针变量输出该二维数组中各元素的值。

分析： 该二维数组中所有的元素都是整型的，因此相当于整型变量，可以用 int 类型指针变量指向该二维码数组。二维数组中的各元素在内存中是按行顺序存放的。因此，可以使用一个指向整型元素的指针变量，依次指向各个元素。

答案：

```
#include <stdio.h>
main()
{int a[3][4]={1,3,5,7,9,11,13,15,17,19,21,23};
 int*p;                                  //p是int类型指针变量
 for(p=a[0]; p<a[0]+12;p++)              //使p依次指向下一元素
   {if((p-a[0])%4==0) printf("\n");      //p移动4次后换行
     printf("%4d",*p);                   //输出p指向的元素的值
   }
   printf ("\n");
}
```

输出结果如下：

```
  1   3   5   7
  9  11  13  15
 17  19  21  23
```

【例题 3】有 a 个学生，每个学生有 b 门课程的成绩。要求根据用户输入的学生的序号输出该学生的全部成绩。本题要求用指针函数来实现。

分析：定义一个二维数组 score，用来存放学生成绩（为简便，假设学生数 a 为 3，课程数 b 为 4）。定义一个查询学生成绩的函数 search，该函数是一个返回指针函数，其形参是指向一维数组的指针变量和整型变量 n，从主函数将数组名 score 和要查找的学生的序号 k 传递给形参，函数的返回值是&score[k][0]（存放序号为 k 的学生的序号为 0 的课程的数组元素的地址）。在主函数中输出该学生的全部成绩。

答案：

```c
#include <stdio.h>
int main()
{float score[][4]={{60,70,80,90},{56,89,67,88},{34,78,90,66}};
 float * search(float(*pointer)[4],int n);  //函数声明
 float * p;
 int i,k;
 printf("enter the number of student:");
 scanf("%d",&k);                           //输入要找学生的序号
 printf("The scores of No.%d are:\n",k);
 p=search(score,k);               //调用search函数,返回score[k][0]的地址
 for(i=0;i<4; i++)
   printf("%5.2f)\t",*(p+i));   //输出score[k][0]~score[k][3]的值
   printf("\n");
   }
 float *search(float( * pointer)[4],int n)   //形参pointer是指向一维
数组的指针变量
   {float * pt;
 pt= *(pointer+n);                         //pt的值是&score[k][0]
 return(pt);
   }
```

输出结果如下：

```
enter the number of student:1
The scores of No.1  are:
56.00    89.00   67.00   88.00
```

8.3 自我测试

1. 选择题

（1）以下程序段的输出结果是（　　　）。

```c
char str[]="ABCD", *p=str;
printf ("%d\n",*(p+4));
```

A. 68　　　　　　　　　B. 0

C. 字符'D'的地址　　　　D. 不确定的值

（2）若要利用以下程序段使指针变量 p 指向一个存储型变量的动态存储单元，则下列程序空白处应填写（　　）。

```
double*p;
p=_____malloc(sizeof(double));
```

A. double　　　　　　　B. double *

C. (*double)　　　　　D. (double *)

（3）以下程序的输出结果是（　　）。

```
int a[]={ 2,4,6,8 };
main()
{int i;
int *p=a;
for(i=0;i<4;i++) a[i]=*p++;
printf("%d\n",a[2]);
}
```

A. 6　　　　　B. 8　　　　　C. 4　　　　　D. 2

（4）以下程序的输出结果是（　　）。

```
main()
{
    int a[10]={1,2,3.4,5,6,7,8,9,10};
    int *p=a;
    printf ("%d\n", *(p+2));
}
```

A. 3　　　　　B. 4　　　　　C. 1　　　　　D. 2

（5）以下程序的输出结果是（　　）。

```
struct stu
{ int num;
  char name[10];
  int age;
}
void fun(struct stu *p)
{ printf("%s\n",(*p).name);
}
main()
{ struct stu students[3]={{9801,"Zhang",20},
                {9802,"Wang",19},
                {9803,"Zhao",18}};
  fun(students+2);
}
```

A. Zhao　　　　B. Zhang　　　　C. Wang　　　　D. 18

（6）以下程序的输出结果是（　　）。

```
main()
{ char str[][20]={"One*World","One*Dream!"},*p=str[1];
```

```
    printf("%d,", strlen(p));
    printf("%s \n", p);
}
```

A. 9,One*World B. 9,One*Dream!

C. 10,One*Dream! D. 10,One*World

（7）以下程序的输出结果是（　　）。

```
f(char *s)
{ char *p=s;
  while( *p !='\0') p++;
return( p-s );
}
main()
{ printf("%d\n",f("ABCDEF"));}
}
```

A. 3　　　　B. 6　　　　C. 8　　　　D. 0

（8）以下函数的功能是（　　）。

```
fun(char *a,char *b)
 {while((*b=*a)!='\0')  {a++;b++;}}
```

A. 将 a 所指字符串赋给 b 所指空间

B. 使指针 b 指向 a 所指字符串

C. 将 a 所指字符串和 b 所指字符串进行比较

D. 检查 a 和 b 所指字符串中是否有'\0'

（9）以下程序的输出结果是（　　）。

```
main()
{ int a[]={1,2,3,4,5,6,7,8,9,0}, *p;
  p=a;
  printf("%d\n",*p+9);
}
```

A. 0　　　　B. 1　　　　C. 10　　　　D. 9

（10）以下程序的输出结果是（　　）。

```
void fun(int *a,int *b)
{ int*k;
  k=a;a=b;b=k;
}
main()
{ int a=3,b=6,*x=&a,*y=&b;
  fun(x,y);
  printf ("%d %d",a,b);
}
```

A. 6 3 B. 3 6

C. 编译出错 D. 0 0

（11）以下语句中完全正确的是（　　　）。

A. int *p ; scanf("%d",&p);

B. int *p;scanf("%d",p);

C. int k,*p=&k;scanf("%d",p);

D. int k,*p;*p=&k;scanf("%d",&p);

（12）以下程序的输出结果是（　　　）。

```
main()
{ char *p1,*p2,str[50]="xyz";
  p1="abcd";
  p2="ABCD";
  strcpy(str+2,strcat(p1+2,p2+1));
  printf("%s",str);
}
```

A. ABabcz　　　B. xyabcAB　　　C. abcABz　　　D. xycdBCD

（13）执行以下程序后，y 的值是（　　　）。

```
main()
{ int a[]={2,4,6,8,10};
  int y=1,x,*p;
  p=&a[1];
  for(x=0;x<3;x++)
    y+=*(p+x);
  printf("%d\n",y);
}
```

A. 17　　　　B. 18　　　　C. 19　　　　D. 20

（14）以下程序的输出结果是（　　　）。

```
void fun(int*x,int*y)
{ printf ("%d%d",*x,*y);
  *x=3;*y=4;
}
main()
{ int x=1,y=2;
  fun(&y,&x);
  printf ("%d%d",x,y);
}
```

A. 2 1 4 3　　　B. 1 2 1 2　　　C. 1 2 3 4　　　D. 2 1 1 2

（15）以下程序的输出结果是（　　　）。

```
#include<stdio.h>
#include<malloc.h>
void fun(int *p1,int *p2,int *s)
{
 L1:s=(int *)malloc(sizeof(int));
    *s=*p1+*p2;
    free(s);
```

```
  }
main ()
{ int a=1,b=40,*q=&a;
  fun(&a,&b,q);
  prinf("%d\n",*q);
}
```

A. 42   B. 0   C. 1   D. 41

2. 填空题

（1）若要使指针 p 指向一个 double 类型的动态存储单元，请完成填空。

```
    p=_____malloc(sizeof(double));
```

（2）以下函数的功能是把字符串 b 连接到字符串 a 的后面，并返回字符串 a 中新字符串的长度。请完成程序填空。

```
strcat(char a[],char b[])
{int num=0,n=0;
 while(*(a+num)!= _____)
 num++;
 while(b[n])
 { *(a+num)=b[n];
   num++;
   _____;
 }
 return num;
}
```

（3）若有定义"int a[4][10],*p,*q[4];"且 0≤i<4，则 p=&a[2][1]是_____。（填写"正确"或"错误"）

（4）以下程序的输出结果是_____。

```
main()
{ char a[10]={9,8,7,6,5,4,3,2,1,0},*p=a+5;
printf("%d",*--p);
}
```

（5）以下程序的输出结果是_____。

```
void fun(int *n)
{ while((*n)--);
printf("%d", ++( *n));
}
main()
{ int a=100;
  fun(&a);
}
```

（6）以下程序的输出结果是_____。

```
main()
{ int arr[]={30,25,20,15,10,5},*p=arr;
  p++;
  printf("%d\n",*(p+3));
}
```

（7）有定义"int *p[4];"，则与此语句等价的写法是_____。

（8）以下程序的功能是：将无符号八进制数字构成的字符串转换为十进制整数。例如，输入的字符串为 576，则输出十进制整数 382。请完成程序填空。

```
main()
{char *p, s[6];
int n;
p=s;
gets(p);
n=*p-'0';
while(_____!='\0')
  n=n*8+ *p-'0';
printf("%d\n",n);
}
```

（9）函数"void fun(float *sn,int n)"的功能是：根据公式计算 s，计算结果通过形参指针 sn 传回；n 通过形参传入，n 的值大于等于 0。请完成程序填空。

公式为：$S=1-1/3+1/5-1/7+\cdots+1/2n-1$

```
void fun(float *sn,int n)
{ floats=0.0,w, f=-1.0;
  int i=0;
  for(i=0;i<=n;i++)
    { f=_____*f;
    w=f/(2*i+1);
    s+=w;
    }
    _____=s;
}
```

（10）若有如图 8-1 所示 5 个连续的 int 类型的存储单元并已被赋值，且 a[0]的地址小于 a[4]的地址。p 和 s 是 int 类型的指针变量。试对以下问题完成填空。

a[0]	a[1]	a[2]	a[3]	a[4]
22	33	44	55	66

图 8-1

① 若 p 已指向存储单元 a[1]，通过指针 p 给 s 赋值，使 s 指向最后一个存储单元，a[4]的语句是_____。

② 若指针 s 指向存储单元 a[2]，p 指向存储单元 a[0]，表达式"s-p"的值是_____。

3. 编程题

（1）使用指针变量实现将数组 a 中 n 个整数按相反顺序存放。

（2）有一个班级中有 3 个学生，这 3 个学生各学习四门课程，要求计算这四门课程的总平均分及第 n 个学生的平均分。

（3）编写一个函数，其功能为：求一维数组中的最大数。

（4）判断字符 ch 是否与字符串 str 中的某个字符相同。若相同，则什么也不做；若不同，则将该字符插入字符串的最后。

（5）编写一个函数，其功能为：分别求出数组 a 中所有的奇数之和及所有的偶数之和。要求函数的形式为"fun（int*a, int n, int*odd, int *even）"。

其中，形参 n 为数组中数据的个数，利用 odd 返回所有的奇数之和，利用 even 返回所有的偶数之和。

（6）编写一个函数，其功能为：指定一个偶数并为其寻找两个素数，要求这两个素数之和等于该偶数，并将这两个素数通过形参指针传回主函数。

8.4 上机实训

实训 8 利用指针灵活处理程序

一、实训目的

（1）掌握指针的概念，能够定义和使用指针变量。

（2）学会使用数组的指针和指向数组的指针变量。

（3）学会使用字符串的指针和指向字符串的指针变量。

（4）了解函数的指针方法。

二、实训内容

（1）输入并运行以下程序，分析程序的输出结果。

```
#include<stdio.h>
main()
{ char *p; int t;
  p=(char*) malloc( sizeof(char)*20);
  strcpy(p,"welcome");
  for( i=6;i>=0;i--) putchar (*(p+i));
  pintf("\n");
}
```

（2）输入并运行以下的程序，分析程序的输出结果。

```
main()
{ int a[10]; int i;
  int min, *p,*last;
  printf("请输入10个数: \n");
  for( i=0;i<10;i++)      scanf("%d",&a[i]);
  min=a;
```

```
    for(p=a+1;p<a+10;p++)
    if(*p<*min) min=p;
    *p=a[0];a[0]=*min,*min=*p;
    printf("交换后的10个数是：\n");
    for(p=a;p<a+10;p++)
    printf("%5d",*p);
}
```

（3）输入并运行以下程序，分析程序的输出结果。

```
void fun (int*a,int n)
{ int i,j,k,t;
  for(i=0;i<n;i+=2)
  { k=1;
    for(j=i;j<n;j+=2)
    if (a[j]>a[k]) k=j;
    t=a[i];a[i]=a[k];a[k]=t;
  }
}
main()
{ int aa[10]=[1,2,3,4,5,6,7],i;
  fun(aa,7);
  for(i=0;i<7;i++) printf("%d",aa[i]);
  printf("\n");
}
```

（4）输入并运行以下程序，分析程序的输出结果。

```
#include<stdio.h>
void fun(char *p)
{ int i=0;
  while (char *p)
  { if (islower(p[i]))
    p[i]=p[i]-'a'+'A';
    i++;}
}
main()
{ char s1[100]="ab cd EfG!\0ijk\0xzy";
  fun(s1);
  printf("%s\n",s1);
}
```

（5）输入并运行以下程序，分析程序的输出结果。

```
#include<stdio.h>
double avg(double a, double b);
main()
{ double x,y,(*p)();
  scanf("%1f%1f",&x,&y);
  p=avg;
  printf("%f\n",(*p)(x,y));
}
double avg(double a,double b)
{return ((a+b)/2);}
```

项目 9

使用结构体与共用体打包处理数据

9.1 知识要点

本项目概要

本项目主要介绍结构体、共用体，以及结构体和共用体的嵌套。结构体是由若干个相关的不同类型的数据组合在一起而构成的一种数据结构。根据定义结构体类型，可以定义属于该结构体类型的结构体变量或结构体数组。结构体变量和结构体数组是本项目的重点和难点。共用体是由不同类型变量共享同一存储区域的一种构造数据类型，共用体变量也是本项目的难点。

知识要点 1　结构体类型

结构体是一种构造数据类型，它是由若干个相关的不同类型的数据组合在一起而构成的一种数据结构。定义一个结构体类型的一般形式如下：

```
struct 结构体名
{
成员列表;
};
```

说明：

（1）"struct"是 C 语言中结构体的关键字，"结构体名"是结构体的标识符，它的命名遵循标识符的命名规则。

（2）"成员列表"是指结构体类型中的各数据项成员，它们通常由一些基本的数据类型变量组成，有时也包含一些复杂的数据类型变量。

（3）定义完一个结构体类型后，一定要用"；"结束。

例如：
```
struct student
{ char name[20];
  char sex;
  int classes;
  int age;
  char add[40];
};
```

知识要点 2　结构体变量

1. 结构体变量的定义

（1）先定义类型，再定义变量。

这种定义方式的一般形式如下：
```
struct 结构体名
{
成员列表;
};
struct 结构体名 变量名列表;
```

例如：
```
struct student
{ char name[20];
  char sex;
  int classes;
  int age;
  char add[40];
};
struct student s1,s2;
```

在定义结构体类型时，系统并不为结构体类型分配内存空间，只有当定义结构体类型的变量时，系统才为每一个变量分配相应的存储单元。以上定义的 s1、s2 是 student 类型的结构体变量，以 s1 为例，它在内存中的分配情况如图 9-1 所示。

name	20 字节
sex	1 字节
classes	4 字节
age	4 字节
add	40 字节

图 9-1　s1 变量在内存中的分配情况

从理论上讲，结构体变量的各个成员在内存中都是连续存储的，但是在编译器的具体实现中，各成员之间可能会存在缝隙。

（2）定义类型的同时定义变量。

这种定义方式的一般形式如下：

```
struct 结构体名
{
成员列表；
}变量名列表；
```

（3）直接定义变量。

这种定义方式的一般形式如下：

```
struct
{
成员列表；
}变量名列表；
```

这种定义方式没有结构体类型名，常用于某种结构体类型只使用一次的场合。

2. 结构体变量的初始化

结构体变量初始化的一般形式如下：

```
struct 结构体类型名 结构体变量={初始化值}；
```

例如，定义 student 结构体类型后，可以用以下语句为结构体变量 s1 赋初值：

```
struct student s1={"zhangpeng",'m',19,16,"qingdaohuachengluxiaoqu"};
```

3. 结构体变量的引用

结构体变量作为一个整体可以进行赋值运算。例如，对结构体变量 s1 进行初始化后，可以执行 "s2=s1；"。对于结构体变量中的各个元素，可以进行该元素所属数据类型允许的一切运算。

引用结构体成员的一般形式如下：

```
结构体变量名.成员名
```

其中，"." 为成员运算符，它的优先级为 1 级。

如果一个结构体类型中还包含另一种类型的结构体变量，那么只能对最底层的成员进行引用，引用时就需要再增加一个成员运算符 "."。例如，如果在结构体类型 student 中包括属于结构体类型 date 的变量 birthday，那么引用的方式则应该是 s1.birthday.year，而不能直接写为 s1. birthday。

4. 类型定义符

类型定义符 typedef 经常用于为结构体、共用体类型另起一个新的名字，然后再用自定义的类型名定义变量。例如：

```
typedef struct student
{ char name[20];
  char sex;
  int classes;
  int age;
  char add[40];
```

```
    } STUD;
```

声明新类型名 STUD 以代替结构体类型 struct student，这时就可以用 STUD 来定义该结构体的变量了，例如：

```
    STUD s1,s2;
```

说明：

（1）用 typedef 只是对原有类型起一个新的名字，并没有产生新的数据类型。

（2）用 typedef 声明的新的类型名常用大写字母表示，以便与系统提供的标准类型名进行区分。

知识要点 3 结构体数组

1. 结构体数组的定义

结构体数组就是由具有相同结构体类型的数据元素组成的集合。定义结构体数组与定义结构体变量的方法类似，只需说明它是数组即可。例如：

```
struct chengji
  { int num;
    char name[20];
    int score;
    };
struct chengji s[50];
```

2. 结构体数组的初始化

结构体数组可以在定义阶段完成初始化，其一般形式为在定义后紧跟一组用花括号括起来的数据。为了区分各个数组元素的数据，每个数组元素的数据也需要用花括号括起来。例如：

```
struct chengji
  { int num;
    char name[20];
    int score;
  }s[5]={{201,"zhangpeng",95},
         {202,"zhanglei",60},
         {203,"wangxue",58},
         {203,"zhaona",88},
         {203,"lijuan",78},
         };
```

如果是对全部元素初始化赋值，则可以在定义时省略数组长度。

3. 结构体数组的引用

结构体数组的引用方式与结构体变量的引用方式类似，只需将引用方式中"结构体变量名.成员名"中的结构体变量名替换为结构体数组元素即可。例如：

```
    s[3].score=90;
```

知识要点4　共用体类型

共用体是由不同类型变量共享同一存储区域的一种构造数据类型。定义一个共用体类型的一般形式如下：

```
union 共用体名
{
成员列表;
};
```

说明：

（1）"union"是 C 语言的关键字，"共用体名"是共用体的标识符，它的命名遵循标识符的命名规则。

（2）"成员列表"是共用体类型中的各数据项成员，它们通常由一些基本的数据类型变量组成，有时也包含一些复杂的数据类型变量。

（3）定义完一个共用体类型后，一定要用一个"；"结束。

知识要点5　共用体变量

1. 共用体变量的定义

（1）先定义类型，再定义变量。

这种定义方式的一般形式如下：

```
union 结构体名
{
成员列表;
};
union 结构体名 变量名列表;
```

例如：

```
union cunchu
    {unsigned char a;
     short  b;
     long c;
     };
union  cunchu d;
```

（2）定义类型的同时定义变量。

这种定义方式的一般形式如下：

```
union 结构体名
{
成员列表;
}变量名列表;
```

在定义共用体类型时，系统并不为共用体类型分配内存空间，只有当定义共用体类

型的变量时，系统才为共用体变量分配存储单元。但分配空间的大小与结构体变量有很大的区别：结构体变量的每个成员分别占用内存单元，结构体变量所占的内存空间理论上是各成员所占用内存空间之和；而共用体变量的各个成员共同占用同一段存储空间，因此共用体变量所占用内存空间的长度是其成员中占用内存长度最长的那个成员的长度。例如，以上定义的共用体变量 d 的存储示意图如图 9-2 所示。

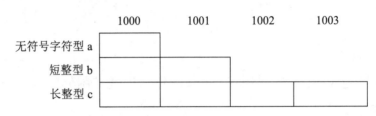

图 9-2 共用体变量存储示意图

假设起始地址是 1000，则共用体变量 d 占用从 1000 到 1003 共 4 字节，成员 a、b、c 在内存中所占字节数不同，但都从同一个内存地址 1000 开始存放。

2. 共用体变量的引用

与结构体变量不同，共用体变量不能整体引用（"d=f；"这种类型的语句是错误的），只能引用共用体变量中的成员。

此外，共用体也可以使用类型定义符 typedef 声明新的类型名，并使用新的类型名来代替原有的类型名。

9.2 典型题解

【例题 1】若有以下语句：

```
struct  date
  { int year;
   int month;
   int day;
  }birthday;
```

则下面的叙述中不正确的是（   ）。

A．struct 是声明结构体类型时所用的关键字

B．struct date 是用户定义的结构体类型名

C．birthday 是声明的新类型名，可以用来代替 struct date 类型名

D．year、day 都是结构体成员名

分析：birthday 是属于 struct date 类型的结构体变量，选项 C 混淆了使用 typedef 的情况。

答案：C

【例题2】写出以下程序的输出结果。

```c
#include <stdio.h>
#include <string.h>
typedef struct {char name[9]; char sex; float score[2];} STU;
void f(STU a)
{ STU b={"Zhao",'m',85.0,90.0}; int i;
  strcpy(a.name, b.name);
  a.sex=b.sex;
  for(i=0;i<2;i++) a.score[i]=b.score[i];
}
main()
{ STU c={"Yang",'f',90.0,99.0};
  f(c);
printf("%s,%c,%2.0f,%2.0f\n",c.name,c.sex,c.score[0],c.score[1]);
}
```

分析：在 C 语言中，函数运行的特点是"单向值传递"，函数中形参 a 的改变并不传递给实参 c，而且函数 f 的类型定义为 void，因此没有返回值。

答案：Yang,f,90,99

【例题3】写出以下程序的输出结果。

```c
#include <stdio.h>
main()
{ union  cunchu
   {unsigned char a;
    short  b;
    long c;
    }d;
 d.a='b';
 d.b=100;
 d.c=0x12345678;
printf("%x,%x,%x,%d",d.a,d.b,d.c,sizeof(d));
}
```

分析：变量 d 是共用体类型，其中包含三个类型的成员，分别为 unsigned char、short 和 long 三种类型，这些成员存放在同一内存空间里，所以共用体变量 d 占用内存空间的长度就是其成员中占用内存长度最长的成员 c 的长度，即 4 字节。共用体变量中起作用的成员是最后一次赋值存放的那个成员，本例中起作用的成员就是 d.c，所以最后输出的结果都是以 0x12345678 这个值为基础的。

答案：78,5678,12345678,4

9.3   自我测试

1. 选择题

（1）在针对以下语句的叙述中，不正确的是（   ）。

```
struct  student
{ int num;
  float score;
}stu;
```

A．struct 是结构体类型的关键字

B．struct student 是用户定义的结构体类型

C．num、score 都是结构体成员名

D．stu 是用户定义的结构体类型名

（2）在针对以下语句的叙述中，不正确的是（   ）。

```
typedef  struct  stu
{ int  a;
  float  b;
} STU;
```

A．struct 是结构类型的关键字

B．struct stu 是用户定义的结构体类型

C．a 和 b 都是结构成员名

D．STU 是用户定义的结构体变量名

（3）在定义一个结构体变量时，系统分配给它的存储空间是（   ）。

A．该结构体中第一个成员所需的存储空间

B．该结构体中最后一个成员所需的存储空间

C．该结构体中所有成员所需存储空间的总和或更大

D．该结构体中占用最大存储空间的成员所需的存储空间

（4）以下结构体的定义语句中，正确的是（   ）。

A．struct student {int num; char name[10];int age;};stu;

B．struct {int num; char name[10];int age;}student; struct
   student stu;

C．struct student {int num; char name[10];int age;}stu;

D．struct student {int num; char name[10]; int age;}; student
   stu;

（5）对以下结构体类型其中成员 month 的正确引用方式是（   ）。

```
struct  data
{ int year; int month; int day; }workday;
```

A．workday.month   B．data.year.month

C．month   D．data.month

（6）若有以下语句，则在 Dev-C++环境下"sizeof(union test)"的输出结果

是（　　）。

```
union test
{ int a; char c; };
```

　　A. 4　　　　　　　B. 2　　　　　　　C. 5　　　　　　　D. 3

（7）以下程序的输出结果是（　　）。

```
#include<stdio.h>
struct st
{ int x;
 int y;
} a[2]={5, 7, 2, 9};
main()
{ printf("%d\n",a[0].y*a [1].x);
}
```

　　A. 10　　　　　　　　　　　　　B. 14

　　C. 18　　　　　　　　　　　　　D. 35

（8）以下关于 typedef 的叙述中不正确的是（　　）。

　　A. 用 typedef 可以定义各种类型名

　　B. 用 typedef 不能定义变量

　　C. 用 typedef 可以增加一个新类型

　　D. 用 typedef 便于程序的共用

（9）在定义一个共用体变量时，系统分配给它的内存长度是（　　）。

　　A. 各成员所需内存长度之和　　B. 第一个成员所需内存长度

　　C. 成员中占用内存长度最大者　　D. 任意一个成员所需内存长度

（10）有如下定义，对结构体变量 person 中的 birthday 进行赋值时，下列赋值语句中正确的是（　　）。

```
struct date
{  int year,month,day; };
struct workers
{
char name[20];
char sex;
struct date birthday;
}person;
```

　　A. year=2005　　　　　　　　　B. birthday.year=2005

　　C. person.birthday.year=2005　　D. person.year=2005

（11）以下程序的输出结果是（　　）。

```
union
{int a; int b; int c;}s;
s.a=10; s.b=20; s.c=30;
printf("%d,%d,%d",s.a,s.b,s.c);
```

A. 10,20,30   B. 10,10,1

C. 20,20,20   D. 30,30,30

（12）以下关于结构体的叙述中正确的是（   ）。

A. 结构体中各个成员的数据类型必须相同

B. 结构体变量可以在定义阶段完成初始化

C. 在定义结构体类型时，系统为结构体类型分配了内存空间

D. 结构体变量不可以作为一个整体进行赋值运算

（13）以下关于共用体的叙述中不正确的是（   ）。

A. 共用体变量可以作为一个整体进行赋值运算

B. 在定义共用体类型时，系统并不为共用体类型分配内存空间

C. 共用体变量不可以在定义阶段完成初始化

D. 共用体类型可以使用 typedef 声明新的类型名来代替原有的类型名

（14）以下程序的输出结果是（   ）。

```c
#include <stdio.h>
main()
{ struct ab{int x;int y;}num[2]={{20,5},{6,7}};
printf("%d\n",num[0].x/num[0].y*num[1].y); }
```

A. 0   B. 28

C. 20   D. 5

（15）以下程序的输出结果是（   ）。

```c
#include <stdio.h>
union con
{ struct {int x,y,z;}m;
 int i; }num;
main()
{ num.m.x=4; num.m.y=5; num.m.z=6; num.i=0;
printf("%d\n",num.m.x);
}
```

A. 4   B. 0

C. 5   D. 6

2. 填空题

（1）由若干个相关的不同类型的数据组合在一起构成的数据类型是_____，其关键字是_____。

（2）结构体变量的定义方式有三种，分别是_____、_____和_____。

（3）假设一个结构体变量中有 3 个成员，其数据类型分别为 int、char 和 double，则

此结构体变量至少占用_____内存空间。

（4）不同数据类型变量共享同一存储区域的数据类型是_____，其关键字是_____。

（5）结构体和共用体都可以使用_____声明新的类型名来代替原有的类型名。

（6）结构体变量_____在定义阶段初始化，共用体变量_____在定义阶段初始化。

（7）假设一个共用体变量中有 4 个成员，数据类型分别为 int、char、long 和 double，则此共用体变量占用_____内存空间。

（8）引用结构体变量成员的一般形式是_____，其中"."为_____，优先级为_____。

（9）结构体和共用体_____互相嵌套。

（10）可以使用_____存放一批具有相同结构体类型的数据。

3．编程题

本编程题使用信息如表 9-1 所示。

表 9-1　本编程题相关信息

产品名称	设计者		定价	产量	总价
	姓名	年龄			
spring	Jane	32	560	2000	
lucky	Tom	28	600	1800	
leaf	Mary	35	680	2200	

（1）定义一个结构体类型用来描述"设计者"的各项信息，并且用 typedef 声明一个新的类型名（DESIGN）来代替这个结构体类型。

（2）在 DESIGN 的基础上定义新的结构体类型 chanpin，用来描述产品的各项信息，并定义属于该类型的变量 goods，输出该变量占用的内存。

（3）定义属于结构体类型 chanpin 的数组 x[3]，将上述表格中的信息存入数组中，并分行显示所有产品的信息。

（4）用户输入需要查找的产品名称，查询并显示该产品的所有信息。如果没有该产品，则输出提示信息。

（5）求出每个产品的总价，并分行显示所有产品的信息。

（6）按照产品总价从大到小的顺序分行显示所有产品的信息。

9.4 上机实训

实训 9　使用结构体与共用体打包处理数据

一、实训目的

（1）掌握使用结构体变量和结构体数组编写程序的方法。

（2）掌握使用共用体变量编写程序的方法。

二、实训内容

（1）定义一个结构体类型用来存放年、月、日信息，输入某个日期，输出第二天的日期。

（2）某次运动会有 6 名运动员进入百米跑决赛，要求输入这 6 名运动员的信息（号码和成绩），并输出跑得最快的运动员的信息。

（3）某单位有 6 名职工参加计算机水平考试，每名职工的信息包括姓名、年龄和成绩。单位要求年龄在 30 岁以下的职工需进行上机考试，成绩分为 A、B、C、D 四个等级，年龄在 30 岁以上（含 30 岁）的职工进行笔试，分数为百分制，60 分为及格。请输入这 6 名职工的信息，要求分析职工的考试成绩并分行输出分析结果。

（4）在第（3）题的基础上，统计及格人数及符合 A 等级的人数。

项目 10

对文件进行操作

10.1 知识要点

📄 本项目概要

本项目主要介绍文件及文件指针的概念；使用文件打开与关闭、读/写等文件操作函数，对文件进行简单的操作。使用函数对文件进行打开与关闭、读/写等操作是本项目的重点，文件指针的使用是本项目的难点。

知识要点 1　文件类型

表 10-1　文件类型

分类依据	名称
用户对文件使用角度	普通文件
	设备文件
文件编码方式	ASCII 文件
	二进制文件

知识要点 2　文件缓冲区

缓冲文件系统是指系统自动在内存中为正在处理的文件划分出一部分内存作为缓冲区。当从磁盘读入数据时，首先把数据传送到输入文件缓冲区，然后再从缓冲区逐个把数据传送给程序中的变量；当从内存向磁盘输出数据时，必须首先把数据装入输出文件缓冲区，装满文件缓冲区之后，才将数据从缓冲区写到磁盘。

知识要点 3 文件类型指针

文件类型指针的定义形式如下：

```
FILE *fp;
```

说明：

fp 是一个指向 FILE 类型数据的指针变量。

知识要点 4 文件的打开与关闭

1. 文件打开函数 fopen

fopen 函数用来打开一个文件，其调用的一般形式如下：

```
文件指针名=fopen(文件名,使用文件方式)
```

表 10-2　文件使用方式及其说明

文件使用方式	说明
r	以只读方式打开一个文本文件
w	以只写方式打开一个文本文件
a	以追加方式打开一个文本文件
r+	以读/写方式打开一个文本文件
w+	以读/写方式建立一个新的文本文件
a+	以读/写/追加方式建立一个新的文本文件
rb	以只读方式打开一个二进制文件
wb	以只写方式打开一个二进制文件
ab	以追加方式打开一个二进制文件
rb+	以读/写方式打开一个二进制文件
wb+	以读/写方式建立一个新的二进制文件
ab+	以读/写/追加方式建立一个新的二进制文件

2. 文件的关闭

在 C 语言中，对文件进行关闭操作可以使用 fclose 函数，调用该函数的一般形式为：

```
fclose(文件指针);
```

知识要点 5 顺序读/写文件

1. 向文件读/写一个字符

表 10-3 读/写一个字符的函数

函数名	调用形式	功能	返回值
fgetc	fgetc(fp)	从文件指针 fp 指向的文件中读入一个字符	若读成功，则返回所读的字符；若读失败，则返回文件结束标志 EOF（-1）
fputc	fputc(ch,fp)	把字符 ch 写入文件指针 fp 所指向的文件中	若写成功，则返回值就是写的字符；若写失败，则返回文件结束标志 EOF（-1）

（1）读字符函数 fgetc。

fgetc 函数调用的形式如下：

    字符常量=fgetc(文件指针);

（2）写字符函数 fputc。

fputc 函数调用的形式如下：

    fputc(字符表达式,文件指针);

其中，字符表达式即待写入的字符，可以是字符常量或变量。

2. 向文件读/写一个字符串

表 10-4 读/写一个字符串的函数

函数名	调用形式	功能	返回值
fgets	fgets(str,n,fp)	从文件指针 fp 指向的文件中读入一个长度为（n-1）的字符串，存放在字符数组 str 中	若读成功，则返回地址 str；若读失败，则返回 NULL
fputs	fputs(str,fp)	把字符串 str 写入文件指针 fp 所指向的文件中	若写成功，则返回 0；若写失败，则返回非 0 值

（1）读字符串函数 fgets。

fgets 函数调用的形式如下：

    fgets(字符数组名,n,文件指针);

说明：

n 是一个正整数，表示从文件中读出的字符串不超过 n-1 个字符。在读入的最后一个字符后加入字符串结束标志'\0'。

（2）写字符串函数 fputs。

fputs 函数调用的形式如下：

    fputs(字符串,文件指针);

说明：

字符串可以是字符串常量，也可以是字符数组名，或者是指针型指针变量。字符串末尾的'\0'不输出。

3. 数据块的读/写

读数据块函数 fread 的调用形式如下：

```
fread(buffer,size,count,fp);
```

写数据块函数 fwrite 的调用形式如下：

```
fwrite(buffer,size,count,fp);
```

说明：

buffer 是一个指针，在 fread 函数中，它表示存放输入数据的首地址，在 fwrite 函数中，它表示存放输出数据的首地址；size 表示数据块的字节数；count 表示要读/写的数据块；fp 表示文件指针。

4. 格式化的读写

格式化输入函数 fscanf 的调用形式如下：

```
fscanf(文件指针,格式字符串,输入列表);
```

格式化输出函数 fprintf 的调用形式如下：

```
fprintf(文件指针,格式字符串,输出列表);
```

知识要点 6　随机读/写文件

为了对读/写进行控制，系统为每个文件设置了一个文件读/写位置标记（简称文件位置标记或文件标记）。

（1）位置指针重返文件头函数 rewind。

rewind 函数的调用形式如下：

```
rewind(文件指针);
```

其功能是使文件位置标记重新返回文件的开头，此函数没有返回值。

（2）当前读/写位置函数 ftell。

ftell 函数的调用形式如下：

```
ftell(文件指针);
```

其功能是得到文件指针当前位置相对于文件首的偏移字节数。若函数调用成功，则返回当前文件指针指向的位置值；若函数调用失败，则返回值为-1。

（3）改变文件位置指针函数 fseek。

fseek 函数的调用形式如下：

```
fseek(文件指针,位移量,起始点);
```

说明:

"文件指针"指向被移动的文件;"位移量"表示移动的字节数。

表 10-5 3种起始点的表示方法

起始点	表示符号	数字表示
文件首	SEEK-SET	0
当前位置	SEEK-CUR	1
文件尾	SEEK-END	2

知识要点 7 文件检测函数

1. 文件结束判断函数 feof

调用文件结束判断函数 feof 的形式如下:

```
feof(文件指针);
```

若该函数返回一个非 0 值,则表示该函数检测到文件指针已经到达了文件的结尾;若该函数返回一个 0 值,则表示文件指针尚未到达文件结尾处。

2. 文件读/写错误检测函数 ferror

调用函数文件读/写错误检测函数 ferror 的形式如下:

```
ferror(文件指针);
```

若 ferror 函数的返回值为 0,则表示文件读/写正常,未出现错误;若 ferror 函数的返回值为一个非 0 值,则表示文件读/写出现错误。当执行 fopen 函数打开某个文件时,ferror 函数的初始值会自动重置为 0。

3. 文件错误标志清除函数 clearerr

调用文件错误标志清除函数 clearerr 的形式如下:

```
clearerr(文件指针);
```

10.2 典型题解

【例题 1】以下关于文件的叙述中正确的是_____。

  A. 对文件进行操作时必须首先关闭文件

  B. 对文件进行操作时必须首先打开文件

  C. 文件打开后不必关闭

  D. 以文本方式打开一个文件输入时,将换行符转换为回车符和换行符两个字符

分析:文件在进行操作之前必须首先打开,使用完毕后要关闭;在用文本文件向计

算机输入时，将回车符和换行符（\r 和\n）转换成一个换行符（\n），在输出时把换行符转换成回车符和换行符两个字符。

答案：B

【例题2】定义"int a[6];"，fp 是指向某一已经正确打开的文件的指针，以下函数调用中不正确的是_____。

    A．`fread(a[0],sizeof(int),5,fp)`

    B．`fread(&a[0],6*sizeof(int),1,fp)`

    C．`fread(a,sizeof(int),6,fp)`

    D．`fread(a,6*sizeof(int),1,fp)`

分析：fread 函数的第一个参数是存放读取数据的内存区的首地址，而不是某个数据元素。

答案：A

【例题3】使用 fgets 函数从指定文件中读取一个字符串时，该文件的打开方式必须是_____。

    A．只写　　　　B．追加　　　　　C．只读或读/写　D．以上都不正确

分析：fgets 函数的功能是从指定的文件中读取一个字符串，这时该文件只能以只读或读/写的方式打开。

答案：C

10.3　自我测试

1．选择题

（1）在进行文件操作时，写文件的含义是（　　　）。

    A．将内存中的信息存入磁盘

    B．将 CPU 中的信息存入磁盘

    C．将磁盘中的信息存入内存

    D．将磁盘中的信息存入 CPU

（2）当执行 fputc 函数时发生错误，则函数的返回值是（　　　）。

    A．1　　　　　　　　　　　　B．输出的字符

    C．0　　　　　　　　　　　　D．-1

（3）以下叙述中不正确的是（　　）。

    A．以二进制格式输出文件，则文件中的内容与内存中完全一致

    B．定义"int n=123;"若以 ASCII 文件的格式存放数据，则变量 n 将在磁盘上占 3 字节

    C．C 语言中，对文件的读/写是以字为单位的

    D．在 C 语言中，对文件操作的一般步骤是"打开文件→操作文件→关闭文件"

（4）若要打开 E 盘上 text 子目录下名为 user.txt 的文件以进行读/写操作，则以下符合此要求的函数调用是（　　）。

    A．`fopen("E:\text\user.txt","r")`

    B．`fopen("E:\\text\\user.txt","r+")`

    C．`fopen("E:\text\user.txt","rb")`

    D．`fopen("E:\\text\\user.txt","w")`

（5）fread(buffer,32,6,fp)的功能是（　　）。

    A．从 fp 文件流中读出整数 32，并存放在 buffer 中

    B．从 fp 文件流中读出整数 32 和 6，并存放在 buffer 中

    C．从 fp 文件流中读出 32 字节的字符，并存放在 buffer 中

    D．从 fp 文件流中读出 6 个 32 字节的字符，并存放在 buffer 中

（6）以下对文件格式输出函数 fprintf 的调用正确的是（　　）。

    A．`fprintf(fp,"%d,%.2f",m,n);`

    B．`fprintf("%d,%.2f",fp,m,n);`

    C．`fprintf(m,n,fp,"%d,%.2f");`

    D．`fprintf("%d,%.2f",m,n,fp);`

（7）利用 fseek 函数可实现的操作是（　　）。

    A．文件的随机读/写　　　　　B．改变文件的位置指针

    C．文件的顺序读/写　　　　　D．以上答案均正确

（8）已知函数的调用形式是"`fread(buf,size,count,fp);`"，其中 buf 代表的是（　　）。

    A．一个指针，指向要存放输入数据的首地址

    B．一个整型变量，代表要读入的数据项总数

    C．一个文件指针，指向要读入的文件

    D．一个存储区，存放要读入的数据项

（9）若有定义 "char *str="ABCD";FILE *fp;fp=fopen("text.txt", "r");"，则以下函数调用不正确的是（　　）。

    A．gets(str)　　　　　　　　B．puts(str)

    C．fputc(fp)　　　　　　　　D．fgetc(fp)

（10）函数调用语句 "fseek(fp,-16L,1)" 的含义是（　　）。

    A．将文件位置指针向前移动到距离文件头 16 字节处

    B．将文件位置指针从当前位置向后移动 16 字节

    C．将文件位置指针从文件末尾处向后退 16 字节

    D．将文件位置指针向前移动到距离当前位置 16 字节处

（11）若有以下定义和说明：

```
#include <stdio.h>
 struct std{
 char num[8];
 char name[10];
 float mark[6];
 }a[20];
FILE *fp;
```

则以下不能将文件内容读入数组 a 中的语句组是（　　）。

    A．for(i=0;i<20;i++)

        fread(&a[i],sizeof(struct std),1L,fp);

    B．for(i=0;i<20;i++,i++)

        fread(&a[i],sizeof(struct std),2L,fp);

    C．for(i=0;i<20;i++)

        fread(a[i],sizeof(struct std),1L,fp);

    D．fread(a,sizeof(struct std),20L,fp);

（12）执行以下程序后，文件 test.dat 中的内容是（　　）。

```
#include <stdio.h>
#include <string.h>
void fun(char *fname,char *st)
{
    FILE *myf;
    int i;
    myf=fopen(fname,"w");
    for(i=0;i<strlen(st);i++)
        fputc(st[i],myf);
    fclose(myf);
}
Void main()
{
    fun("test.dat","hello");
```

```
        fun("test.dat","new");
        fun("test.dat","world");
    }
```

A. world

B. hello new world

C. new

D. hello

（13）以下程序的输出结果是（　　　）。

```
#include <stdio.h>
void main()
{
    FILE *fp;
    int i,m,n=0;
    fp=fopen("test.dat","w");
    for(i=1;i<=3;i++)
        fprintf(fp,"%d",i);
    fclose(fp);
    fp=fopen("test.dat","r");
    fscanf(fp,"%d%d",&m,&n);
    printf("%d %d\n",m,n);
    fclose(fp);
}
```

A. 1 2

B. 123 0

C. 0 0

D. 1 23

（14）C 语言可以处理的文件类型包括（　　　）。

A. 数据文件和文本文件

B. 文本文件和二进制文件

C. 二进制文件和数据文件

D. 所有类型的文件

（15）在执行 fopen 函数时，ferror 函数的初值是（　　　）。

A. TURE

B. -1

C. 0

D. 1

2. 填空题

（1）以下程序的功能是统计文件中的字符个数，请将程序填写完整。

```
#include <stdio.h>
void main()
{
    FILE *fp;
    long count=0L;
    if((fp=fopen("docu.dat","r"))==NULL)
    {
        printf("Open error\n");
        exit(0);
    }
    while(_____)
    {
        fgetc(fp);
        _____;
```

```
    }
    printf("count=%ld\n",count-1);
    fclose(fp);
}
```

（2）已有文件 test.dat，该文件的内容为"Hello,everyone!"，以下程序中，文件 test.dat 以"读"的方式打开，用文件指针 fp 指向该文件，要求程序的输出结果为"Hello"，请将程序填写完整。

```
#include <stdio.h>
void main()
{
    FILE *fp;
    char str[60];
    fp=fopen("test.dat",_____);
    _____;
    printf("%s\n",str);
    fclose(fp);
}
```

（3）以下程序的功能是将一个名为 original.dat 的文件复制到一个名为 new.dat 的新文件中，请将程序填写完整。

```
#include <stdio.h>
void main()
{
    int a;
    FILE *fp1,*fp2;
    fp1=fopen("original.dat","r");
    fp2=fopen("new.dat",_____);
    _____;
    while(a!=EOF)
    {
        putc(a,fp2);
        a=getc(fp1);
    }
    fclose(fp1);
    fclose(fp2);
}
```

（4）以下程序的功能是统计文本文件 test.txt 中的空格的个数，请将程序填写完整。

```
#include <stdio.h>
void main()
{
    FILE *fp;
    int count=0;
    char ch;
```

```
    if((fp=fopen("test.txt","r"))==NULL)
    {
        printf("文件打开失败!\n");
        exit(0);
    }
    while(!feof(fp))
    {
        ch=_____;
        if(ch==' ')
            count++;
    }
    printf("count=%d\n",count);
    _____;
}
```

（5）以下程序的功能是将文件中所有的"*"均替换成"$"，请将程序填写完整。

```
#include <stdio.h>
void main()
{
    FILE *fp;
    fp=fopen("test.txt","r+");
    while(!feof(fp))
        if(fgetc(fp)=='*')
        {
            _____;
            fputc('$',fp);
            _____;
        }
    fclose(fp);
}
```

（6）假设不存在 abc.dat 文件，执行以下程序后，生成 abc.dat 文件，且该文件中的
内容是 firstsecond，请将程序填写完整。

```
#include <stdio.h>
void main()
{
    FILE *fp;
    char *str1="first",*str2="second";
    if((fp=fopen("abc.dat","_____"))==NULL)
    {
        printf("不能打开文件\n");
            exit(0);
```

```
    }
    fwrite(str1,5,1,fp);
    fseek(fp,0L,SEEK_SET);
    _____;
    fclose(fp);
}
```

（7）以下程序的功能是从键盘输入一行字符，并将输入的字符写入 E 盘根目录下的 test.txt 文件中。请将程序填写完整。

```
#include <stdio.h>
void main()
{
    FILE *fp;
    char c;
    if(_____==NULL)
    {
        printf("不能打开文件\n");
        exit(0);
    }
    while(_____)
        fputc(c,fp);
    fputs("\n",fp);
    fclose(fp);
}
```

（8）以下程序的功能是从键盘输入字符并存放到文件 test 中，输入以"!"结束，请将程序填写完整。

```
#include <stdio.h>
int main()
{
    FILE *fp;
    char ch,test[10];
    printf("Input name of file:\n");
    gets(test);
    if((fp=fopen(test,"w"))==NULL)
    {
        printf("打开文件失败！\n");
        exit(0);
    }
    printf("Enter data:\n");
    while(_____)
        fputc(_____);
```

```
        fclose(fp);
        return 0;
    }
```

（9）在 work.dat 文件中已存放有若干名学生的姓名、考试成绩、成绩等级。以下程序段的功能是将考试成绩低于 60 或成绩等级为 C 的所有学生的信息显示在屏幕上，请将程序填写完整。

```
char name[10],a;
int n;
FILE *fp;
fp=fopen(_____);
if(fp==0)
{
    printf("不能打开文件! \n");
    exit(0);
}
while(feof(fp)==0)
{
    fscanf(_____ "%s%d%c",name,&n,&a);
    if(n<60||a=='C')
        printf("姓名: %s 考试成绩: %d 成绩等级: %c\n",name,n,a);
}
fclose(fp);
```

（10）以下程序的功能是将数组 a 的 6 个元素和数组 b 的 3 个元素写入名为 test.dat 的二进制文件中，请将程序填写完整。

```
#include <stdio.h>
int main()
{
    char a[6]="135789",b[3]="abc";
    fILE *fp;
    if((fp=fopen(_____))==NULL)
    {
        printf("不能打开文件! \n");
        exit(0);
    }
    fwrite(a,sizeof(char),6,fp);
    fwrite(b,_____,1,fp);
    fclose(fp);
    return 0;
}
```

3. 编程题

（1）假设 test.dat 文件已存在，要求打开 test.dat 文件后，向其先后写入"second"和"first"两个字符串，最后 test.dat 文件中的内容是"firstd"。

（2）首先建立一个 temp.txt 文件，向其写入 1～10 共 10 个数字，每个数字占 3 字节，然后从头开始，每隔 6 字节读取一个数并输出。

（3）假设文件 num.dat 中存放了一组整数，要求分别统计并输出文件 num.bat 中正整数、零和负整数的个数。

（4）从键盘输入一个字符串，要求将该字符串中的小写字母全部转换成大写字母，并输出到磁盘文件 little.txt 中保存。输入的字符串以"#"结束，再将文件 little.txt 中的内容读出且显示在屏幕上。

（5）统计文本文件（每行不超过 50 个字符）中的字符行数。

10.4 上机实训

实训 10 对文件进行操作

一、实训目的

（1）掌握使用文件打开与关闭、读/写等文件操作函数。

（2）可以对文件进行简单的操作。

二、实训内容

（1）从键盘输入一个文本，输入的文本以"#"作为文本结束标志，并将该文本写入一个名为 test.dat 的新文件中。

（2）输出指定文件的内容，在输出时给每行加上行号。

（3）利用 fseek 函数和 ftell 函数确定文件长度。

（4）将输入的 6 个 3 位整数利用"fprintf(fp,"%d",x);"函数存入新建的文件 test.dat 中，再使用 fgetc 函数将它们读出并显示在屏幕上。

综合测试题（一）

（本测试题满分 100 分，测试时间 90 分钟）

一、选择题（每小题 2 分，本大题共 40 分）

1. 以下关于结构化程序设计的叙述中正确的是（　　）。

　A. 一个结构化程序必须同时由顺序、分支、循环三种结构组成

　B. 在结构化程序中使用 goto 语句可使程序的运行便捷

　C. 在 C 语言中，程序的模块化是利用函数实现的

　D. 由三种基本结构构成的程序只能解决小规模的问题

2. 以下关于简单程序设计的步骤和顺序的叙述中正确的是（　　）。

　A. 首先确定算法，然后整理并写出文档，最后进行编码和上机调试

　B. 首先确定数据结构，然后确定算法，再编码并上机调试，最后整理文档

　C. 首先编码和上机调试，然后在编码过程中确定算法和数据结构，最后整理文档

　D. 首先写好文档，然后根据文档进行编码和上机调试，最后确定算法和数据结构

3. 以下叙述中正确的是（　　）。

　A. 在 C 语言程序中，主函数 main 必须放在其他函数的最前面

　B. 每个扩展名为.c 的 C 语言源程序都可以单独进行编译

　C. 在 C 语言程序中，只有主函数 main 才可以单独进行编译

　D. 每个扩展名为.c 的 C 语言源程序中都应该包含一个主函数 main

4. 以下叙述中错误的是（　　）。

　A. C 语言的可执行程序是由一系列机器指令构成的

　B. 用 C 语言编写的源程序不能直接在计算机上运行

　C. 通过编译得到的二进制目标程序只有在连接后才可以运行

　D. 在没有安装 C 语言集成开发环境的机器上不能运行由 C 语言源程序生成的.exe 文件

5. 以下叙述中错误的是（　　）。

    A．一个 C 语言程序中可以包含多个不同名称的函数

    B．一个 C 语言程序只能有一个主函数

    C．C 语言程序在书写时有严格的缩进要求，否则不能编译通过

    D．C 语言程序的主函数必须用 main 作为函数名

6. 以下程序的输出结果是（　　）。

```
#define S(x) 4*(x)*x+1
main()
{int k=5, j=2;
printf("%d\n", S(k+j) );}
```

    A．197   B．143   C．33   D．28

7. 以下对宏定义的叙述中不正确的是（　　）。

    A．宏不存在类型问题，宏名无类型，它的参数也无类型

    B．宏替换不占用运行时间

    C．宏替换时首先求出实参表达式的值，然后代入形参后再运算求值

    D．宏替换只是字符串替代而已

8. 以下叙述中正确的是（　　）。

    A．C 语言的函数可以嵌套定义

    B．C 语言中的所有函数都是外部函数

    B．C 语言在编译时同时进行语法检查

    D．C 语言的子程序有过程和函数两种

9. 以下叙述中正确的是（　　）。

    A．语句是构成 C 程序的基本单位

    B．一个函数可以没有参数

    C．主函数 main 必须放在其他函数之前

    D．所有被调用的函数都必须放在其他函数之前

10. 构成 C 语言程序的基本单位是（　　）。

    A．语句   B．函数   C．过程   D．符合语句

11. 执行以下程序段后，b 的值应为（　　）。

```
int a=1,b=10;
 do
 {
b-=a;a++;
}While(b--<0);
```

    A．9   B．-2   C．-1   D．8

12. 下列属于 C 语言关键字的是（　　）。

　　A. include　　　B. switch　　　C. IF　　　　D. Scanf

13. 下列是不合法的整型常量的是（　　）。

　　A. -0xfff　　　B. 011　　　　C. 01a　　　　D. 0xe

14. 下面选项中正确的字符常量是（　　）。

　　A. "c"　　　　B. "\"　　　　C. 'e'　　　　D. "

15. 假设所有变量均为整型，则表达式"(a=2,b=5,b++,a+b)"的值是（　　）。

　　A. 7　　　　　B. 2　　　　　C. 6　　　　　D. 8

16. 执行以下程序段后的输出结果是（　　）。

```
int a=201,b=012;
printf("%2d,%2d\n",a,b);
```

　　A. 01,12　　　B. 201,10　　　C. 01,10　　　D. 20,01

17. 在结构化程序中应尽量避免使用的语句是（　　）。

　　A. while　　　　　　　　B. do … while

　　C. for　　　　　　　　　D. goto

18. 假设有"int a=14,n=5;"，则执行语句"a=(n+=n*=a%3,a/4);"后，a 和 n 的值分别是（　　）。

　　A. 2,40　　　　B. 3,40　　　　C. 2,20　　　　D. 3,20

19. 执行语句"scanf("%c%c",&x,&y);"时，若将 a、b 分别赋值给 x，y，则以下正确的输入方法是（　　）。

　　A. a，b　　　　B. ab　　　　C. a,b　　　　D. a;b

20. 以下程序段的输出结果是（　　）。

```
int n=0;
while(n++<=2);
printf("%d",n);
```

　　A. 2　　　　　B. 3　　　　　C. 4　　　　　D. 语法错误

二、填空题（请将正确答案填写在题中横线上，每空 2 分，本大题共 20 分）

1. 结构化程序是由_____、_____、_____三种基本结构组成的。

2. 在 C 语言程序中，语句和数据定义的最后必须有一个_____。

3. 开发一个 C 语言程序一般要经过_____、_____、_____、_____四个步骤。

4. 一个 C 语言程序总是从_____函数开始执行的，且_____函数可以在整个程序中的任意位置。

三、程序阅读题（请写出程序的输出结果，每小题 5 分，本大题共 20 分）

1. 以下程序的输出结果是_____。

```
#include<stdio.h>
main()
{
 printf("Let us learn C language together!");
}
```

2. 以下程序的输出结果是_____。

```
#incldue<stdio,h>
main()
{ int x=1,y=2;
printf("x+y=%d",x+y);
}
```

3. 以下程序的输出结果是_____。

```
#include<stdio,h>
main()
{ int x=18;
printf ("%d,%o,%x\n",x,x,x);
}
```

4. 在 ASCII 码表中，字母"A"的 ASCII 值是 65。以下程序的输出结果是_____。

```
#include<stdio.h>
main()
{char ch1='C',ch2='Y';
printf("%d,%d\n",ch1,ch2);
}
```

四、综合应用题（每小题 10 分，本大题共 20 分）

1. 编写程序，要求其功能是打印如下图案。

```
*

***

******

********

******

***

*
```

2. 编写程序，要求解决古典问题：有一对兔子，从出生后第 3 个月起每个月都生一对小兔子，小兔子长到第三个月后每个月又生一对小兔子，假如兔子都不会死，问每个月的兔子总数分别为多少？

综合测试题（二）

（本测试题满分 100 分，测试时间 90 分钟）

一、选择题（每小题 2 分，本大题共 40 分）

1. C 语言中的标识符只能由字母、下画线和数字三种字符组成，且第一个字符（　　）。

    A．必须为大写

    B．可以为字母或下画线

    C．必须为下画线

    D．可以是字母、下画线和数字中的任意一种字符

2. 设 a 和 b 为 int 型变量，表达式 "a+=b;b=a-b;a-=b;" 的功能是（　　）。

    A．把 a 和 b 按从小到大排列　　　　B．把 a 和 b 按从大到小排列

    C．无确定结果　　　　　　　　　　　D．交换 a 和 b 的值

3. 以下赋值语句中属于非法的是（　　）。

    A．n=(i=2,++i);　　　　　　　　B．j++;

    C．++(i+1);　　　　　　　　　　D．x=j>0;

4. 在 C 语言程序中，下列形式的常数中，不允许出现的形式是（　　）。

    A．.45　　　　　B．E3.6　　　　　C．25.6E-2　　　　D．0.235

5. 以下运算符中优先级最高的是（　　）。

    A．!　　　　　　B．&&　　　　　　C．!=　　　　　　D．%

6. 以下程序的输出结果是（　　）。

```
include "stdio.h"
main()
{ int a=2,b=-1,c=2;
  if(a>b) if(b>0) c=0;  else c+=1;
     printf("%d\n",c); }
```

    A．0　　　　　　B．1　　　　　　C．2　　　　　　D．3

7. 以下程序的输出结果是（　　）。

```
include "stdio.h"
```

```
main()
{ int w=4,x=3,y=2,z=1;
   printf("%d\n", (w>x?w:z<y?z:x)); }
```

A. 4   B. 2   C. 1   D. 3

8. 假设有语句"a=3;"，则执行语句"a+=a-=a*a;"后，变量 a 的值是（   ）。

A. 3   B. 0   C. 9   D. −12

9. 假设整型变量 a=2，则执行下列语句后，浮点型变量 b 的值不为 0.5 的语句是（   ）。

A. b=1.0/a;   B. b=(float)(1/a);

C. b=1/(float)a;   D. b=1/(a*1.0);

10. 假设有如下程序段，若将"10"分别赋给变量 k1 和 k3，并将"20"分别赋给变量 k2 和 k4，则应按（   ）方式输入数据。

```
int k1,k2,k3,k4;
scanf("%d%d",&k1,&k2);
scanf("%d,%d",&k3,&k4);
```

A. 1020↙   B. 10   20↙
     10   20↙   10   20↙

C. 10,20 ↙   D. 10   20↙
     10,20↙   10,20↙

11. 以下程序的输出结果是（   ）。

```
#include <stdio.h>
main()
{ int a=0,b=0,c=0;
   if(++a<0&&++b>0)  ++c;
   printf("%d,%d,%d",a,b,c); }
```

A. 0,0,0   B. 1,1,0   C. 1,0,0   D. 0,1,1

12. 以下与语句"k=a>b?(b>c?1:0):0;"功能等价的是（   ）。

A. if((a>b)&&(b>c)) k=1;   B. if((a>b)||(b>c)) k=1;
     else k=0;

C. if(a<=b) k=0;   D. if(a>b) k=1;
     else if(b<=c) k=1;   else if(b>c) k=1;
     else k=0;

13. 假设 x、y 和 z 是 int 型变量，且"x=3,y=4,z=5"，则下面表达式的结果为 0 的是（   ）。

A. 'x'&&'y'   B. x<=y

C. x||y+z&&y-z   D. !((x<y)&&!z||1)

14. 假设有定义 "int x=10,y=3,z;"，则语句 "printf("%d\n",(x%y,x/y));" 的输出结果是（   ）。

  A. 1   B. 0   C. 4   D. 3

15. 执行以下程序时，输入的值在（   ）范围内才会有输出结果。

```
#include <stdio.h>
main()
{  int x;
   scanf("%d ",&x);
if(x<=3);
else  if(x!=10) printf("%d\n",x);  }
```

  A. 不等于 10 的整数   B. 大于 3 且不等于 10 的整数

  C. 大于 3 或等于 10 的整数 D. 小于 3 的整数

16. 在执行以下程序时，若从键盘输入字母 "H"，则输出结果是（   ）。

```
#include <stdio.h>
main()
{ char ch;
  ch=getchar();
switch(ch)
  { case 'H':printf("Hello! \n");
    case 'G':printf("Good morning! \n");
    default:printf("Bye_Bye! \n");  }
}
```

  A. Hello!   B. Hello!

              Good morning!

  C. Hello!   D. Hello!

    Good morning!   Bye_Bye!

    Bye_Bye!

17. 下列条件语句中，输出结果与其他语句不同的是（   ）。

  A. if(a) printf("%d\n",x); else printf("%d\n",y);

  B. if(a==0) printf("%d\n",y); else printf("%d\n",x);

  C. if(a!=0) printf("%d\n",x); else printf("%d\n",y);

  D. if(a==0) printf("%d\n",x); else printf("%d\n",y);

18. 能够正确表示"当 x 的取值在[0,10]和[20,40]范围内时返回值为真，否则返回值为假"的表达式是（   ）。

  A. (x>=0)&&(x<=10)&&(x>=20)&&(x<=40)

  B. (x>=0)||(x<=10)&&(x>=20)||(x<=40)

C. (x>=0)&&(x<=10)||(x>=20)&&(x<=40)

D. (x>=0)||(x<=10)||(x>=20)||(x<=40)

19. 执行如下程序段后不可能出现的结果是（　　）。

```
int x;scanf("%d",&x);
if(x>10) printf("good");
if(x<10) printf("morning!")
```

A. good　　　　B. morning!　　　　C. good morning!　　　　D. 无任何显示

20. 以下关于 switch 语句的叙述中错误的是（　　）。

A. switch 语句允许嵌套使用

B. switch 语句中必须有 default 部分

C. switch 语句中各 case 与后面的常量表达式之间必须有空格

D. 省略 break 语句时，程序会继续执行下面的 case 分支

二、填空题（请将正确答案填写在题中横线上，每空 2 分，本大题共 30 分）

1. 在 Dev C++中，int、long 和 double 类型数据所占字节数分别为_____。

2. C 语言中逻辑运算符包括_____，其对应的优先级分别为_____。

3. C 语言中的逻辑值"真"和逻辑值"假"是用_____表示的。

4. 表达式"a=(b=10)%(c=6);"的值及 a、b、c 的值依次为_____。

5. 表达式"x=a=3;6*a;"的值及 x、a 的值依次为_____。

6. 判断变量 a、b 的值均不为 0 的逻辑表达式为_____。

7. 通常，调用标准字符或格式输入/输出库函数时，程序开头中包含头文件的预编译命令为_____。

8. 语句"printf("%-m.nf",a);"中，-m 表示_____，n 表示_____。

9. scanf 处理输入数值型数据时，遇到_____时可认为输入结束。

10. a、b 均为整型数据，执行语句"a=3;b=5;a>b&&++a;a<b||++b;"后，a、b 的值分别为_____。

11. 判断字符型变量 ch 是否为大写字母的正确表达式是_____。

12. 字符型、十进制、八进制和十六进制的格式符分别是_____。

13. 在使用数学函数之前，要求在程序开头包含的头文件是_____。

三、程序阅读题（请写出程序的输出结果，每小题 5 分，本大题共 20 分）

1. 以下程序的输出结果是_____。

```
#include <stdio.h>
main()
```

```
{int a=017,b=17,c=0x17;
 printf("a=%d,b=%d,c=%d\n",a,b,c);
 printf("a=%o,b=%o,c=%o\n",a,b,c);
 printf("a=%x,b=%x,c=%x\n",a,c,b);
}
```

2. 以下程序的输出结果是_____。

```
#include <stdio.h>
main()
{ int a=5,b=4,c=3,d=2;
 if(a>b>c)
 printf("%d\n",d);
 else if((c-1>=d)==1)
    printf("%d\n",d+1);
      else
        printf("%d\n",d+2);
}
```

3. 以下程序的输出结果是_____。

```
#include <stdio.h>
main()
{ int t;
  char c;
  t=980;
  c=t;
  printf("%d,%d\n",t,c);
  }
```

4. 以下程序的输出结果是_____。

```
#include <stdio.h>
main()
{ int a=15,b=21,m=0;
 switch(a%3)
   { case 0: m++;
            switch(b%2)
             { default: m++;
              case  0: m++; break; }
     case 1: m++;
     }
 printf("%d\n",m); }
```

四、综合应用题（每小题 5 分，本大题共 10 分）

1. 编写一个程序，其功能是：从键盘输入一个 100～999 范围内的数，要求输出该数的个、十、百位数字相加的和。

2. 编写一个程序，其功能是：某超市推出打折活动，当购物金额达到 2000 元时打九折，当购物金额达到 1000 元以上但不到 2000 元时打八折，当购物金额达到 500 元以上但不到 1000 元时减 50 元，当购物金额不到 500 元时不打折。

综合测试题（三）

（本测试题满分 100 分，测试时间 90 分钟）

一、选择题（每小题 2 分，本大题共 40 分）

1. 若有定义"k=10;"，则语句"while(k=1) k=k-1;"被执行的次数是（　　）。

    A. 无限循环
    B. 10
    C. 0
    D. 1

2. 若有定义"int i=65;"，则分别执行循环"while(i<'A'){putchar(i); i++;}"和"do{putchar(i);i++;} while(i<'A');"的输出结果是（　　）。

    A. B,A
    B. 无输出,A
    C. B,无输出
    D. A,无输出

3. 若输入字符串"abcde"，则以下 while 循环语句的执行次数是（　　）。

    ```
    while((ch=getchar())!='e') printf("*");
    ```

    A. 5
    B. 4
    C. 6
    D. 1

4. 若已正确定义变量，要求程序段完成计算"5!"的结果，则以下不能完成此功能的程序段是（　　）。

    A. for(i=1,p=1;i<=5;i++) p*=i;

    B. for(i=1;i<=5;i++){ p=1;p*=i;}

    C. i=1;p=1;while(i<=5){p*=i; i++;}

    D. i=1;p=1;do{p*=i;i++;}while(i<=5);

5. 若有定义"char ch;"，则执行以下程序段后的输出结果是（　　）。

    ```
    for(ch='a';ch<='e';ch+=2) printf("%2c",ch-32);
    ```

    A. A B C D E
    B. a c e
    C. A C E
    D. a b c d e

6. 若有定义"unsigned int n=26,k=1;"，则以下程序段的输出结果是（　　　）。

```
do{ k*=n%10;
    n/=10;
   }while(n);
 printf("%d",k);
```

　　A. 2　　　　　　B. 12　　　　　　C. 60　　　　　　D. 18

7. 以下程序段的输出结果是（　　　）。

```
int y=10;
while(y--);
printf("y=%d\n",y);
```

　　A. -1　　　　　　B. 0　　　　　　C. 1　　　　　　D. 2

8. 执行以下程序段后，sum 的值是（　　　）。

```
int i,sum;
for(i=1;i<10;i++) sum+=i;
```

　　A. 34　　　　　　B. 45　　　　　　C. 55　　　　　　D. 不确定

9. 执行以下程序段后的输出结果是（　　　）。

```
for(i=1;i<20;i=i*i)
{ printf("%d",i);
 i++; }
```

　　A. 14　　　　　　B. 1　　　　　　C. 16　　　　　　D. 4

10. 有关以下程序段功能的叙述中正确的是（　　　）。

```
for(i=1;i<=100;i++)
{ scanf("%d",&x);
 if(x<0) continue;
 printf("%d",x);
}
```

　　A. 当 x<0 时，整个循环结束　　　B. 当 x>=0 时，什么也不输出

　　C. printf 函数一次也不执行　　　D. 最多允许输出 100 个非负整数

11. 以下数组定义中合法的是_____。

　　A. int a[]="language";　　　　B. int a[5]={0,1,2,3,4,5};

　　C. char a="string";　　　　　　D. char a[]={"0,1,2,3,4,5"};

12. 若有定义"int a[3][4];"，则对 a 数组元素的正确引用是_____。

　　A. a[2][4]　　B. a[1,3]　　C. a[1+1][0]　　D. a(2)(1)

13. 若有定义"char s[12] = "string";"，则"printf("%d\n",strlen(s));"的输出结果是（　　　）。

　　A. 6　　　　　　B. 7　　　　　　C. 11　　　　　　D. 12

14.若有定义"int a[3][2]={1,2,3,4,5,6};"，则值为 6 的数组元素是（　　　）。

　　A. a[3][2]　　B. a[2][1]　　C. a[1][2]　　D. a[2][3]

15. 若有以下数组定义，则"i=10;a[a[i]]"的值是（　　　）。

```
int a[12]={1,4,7,10,2,5,8,11,3,6,9,12};
```

　　A．10　　　　　　B．9　　　　　　C．6　　　　　　D．5

16. 以下对 C 语言字符数组的叙述中错误的是（　　　）。

　　A．字符数组中可以存放字符串

　　B．字符数组中的字符串可以整体输入或输出

　　C．可以在赋值语句中通过赋值运算符"="对字符数组整体赋值

　　D．不可以用关系运算符对字符数组中的字符串进行比较

17. 以下程序的输出结果是（　　　）。

```c
#include <stdio.h>
main()
{ int a[3],i,j,k;
for(i=0;i<3;i++) a[i]=0;
k=2;
for(i=0;i<k;i++)
    for(j=0;j<k;j++)
        a[j]=a[i]+1;
printf("%d\n",a[1]); }
```

　　A．0　　　　　　　　　　B．1

　　C．2　　　　　　　　　　D．3

18. 若在运行以下程序时输入"2 4 6"，则输出结果是（　　　）。

```c
main()
{ int x[3][2]={0},i;
for(i=0;i<3;i++) scanf("%d",x[i]);
printf("%3d%3d%3d\n",x[0][0],x[0][1],x[1][0]);}
```

　　A．2 0 0　　　　　　　　B．2 0 4

　　C．2 4 0　　　　　　　　D．2 4 6

19. 对以下语句的叙述中，正确的是（　　　）。

```c
char x[ ]="abcd";
char y[ ]={'a','b','c','d'};
```

　　A．数组 x 和数组 y 等价

　　B．数组 x 和数组 y 的长度相同

　　C．数组 x 的长度大于数组 y 的长度

　　D．数组 x 的长度小于数组 y 的长度

20. 以下程序的输出结果是（　　　）。

```c
#include
 main()
 { char s[]="0xyAC";
int i,n=0;
for(i=0;s[i]!=0;i++)
```

```
if(s[i]>= 'a'&&s[i]<= 'z') n++;
 printf("%d\n",n);  }
```

A．0 　　　　B．2 　　　　C．3 　　　　D．5

二、填空题（请将正确答案填写在题中横线上，每空 2 分，本大题共 30 分）

1．循环次数一定大于 0 的循环结构是_____。

2．在 C 语言中提供了两种转移控制语句，分别是_____和_____。

3．若 i 为整型变量，则"for(i=2;i==0;)printf("%d",i--);"的循环次数是_____次。

4．语句"do...while(E);"中的表达式 E 等价于_____。

5．执行语句"for(i=1;i++<4;);"后，变量 i 的值是_____。

6．若有定义"double x[3][5];"，则 x 数组中行的下标的上限为_____、列的下标的上限为_____，该数组占用内存_____字节。

7．若有定义"char a[ ]="Dev-C++",b[]="5.10";"，则"printf("%s",strcpy(a,b));"的输出结果为_____。

8．比较字符串 s1 和字符串 s2 的大小的语句是_____。

9．若有定义"int a[3][4]={{1,2},{0},{4,6,8,10}};"，则 a[1][2]的值为_____，a[2][1]的值为_____。

10．在使用字符串长度函数之前，要求在程序开头包含的头文件是_____。

11．使用 gets 函数时，程序开头应包含的头文件的预编译命令是_____。

三、程序阅读题（请写出程序的输出结果，每小题 5 分，本大题共 20 分）

1．以下程序的输出结果是_____。

```
#include "stdio.h"
main()
{ int i,n=0;
   for(i=2;i<5;i++)
     { do{ if(i%3) continue; n++; }while(!i);
       n++;   }
   printf("n=%d\n",n);  }
```

2．以下程序的输出结果是_____。

```
#include "stdio.h"
main()
{ int k=6,s=0;
  while(k>0)
  { switch(k)
    { default : break;
      case 1 : s+=k;
      case 2 :
```

```
        case 3 : s+=k;  }
   k--;
   }
printf("%d\n",s);  }
```

3. 以下程序的输出结果是_____。

```
#include<stdio.h>
main()
{int i, j, row, col,m;
int array[3][3]={{5,-80,90},{28,-72,-85},{8,-2,-6}};
m=array[0][0];
for (i=0; i<3; i++)
for (j=0; j<3; j++)
if (array[i][j]<m)
{ m=array[i][j]; row=i; col=j;}
printf("%d,%d,%d\n",m,row,col);}
```

4. 以下程序的输出结果是_____。

```
#include<stdio.h>
#include<string.h>
main()
{ int i;
  char str[10], temp[10];
  gets(temp);
  for (i=0; i<3; i++)
   { gets(str);
     if (strcmp(temp,str)<0) strcpy(temp,str);}
printf("%s\n",temp);}
```

要求：运行以上程序后，从键盘上输入：

```
C++
Java
basic
Fortran
```

四、综合应用题（每小题 5 分，本大题共 10 分）

1. 编写程序，要求其功能是：在屏幕上显示出如下图形。

2. 编写程序，要求其功能是：从键盘输入 10 个整数并存放在数组中，将最小值与第一个数交换，输出交换后的 10 个整数。

综合测试题（四）

（本测试题满分 100 分，测试时间 90 分钟）

一、选择题（每小题 2 分，本大题共 40 分）

1. 若各选项中所用变量已被正确定义，则 fun 函数通过 return 语句返回一个函数值，以下程序段中错误的是（　　）。

A. ```c
   main()
   {...x=fun(2,10);...}
   float fun(int a,int b){...}
   ```

B. ```c
   float fun(int a,int b){...}
   main()
   {...x=fun(i,j);...}
   ```

C. ```c
   float fun(int,int);
   main()
   {float fun(int a,int b);
   ...x=fun(2,10);...}
   float fun(int a,int b){...}
   ```

D. ```c
   main()
   {float fun(int i,int j);
   ...x=fun(i,j);...}
   float fun(int a,int b){...}
   ```

2. 执行以下程序后，变量 w 的值是（　　）。

```c
int fun1(double a) {retun a*=a;}
int fun2(double x,double y)
{double a=0,b=0;
a=fun1(x);b=fun1(y); return(int)(a+b);
}
```

```
main()
{double w;w=fun2(1.1,2.0);...}
```

  A. 5.21   B. 5   C. 5.0   D. 0.0

3. 执行以下程序时，为变量 x 输入 10，则程序的输出结果是（ ）。

```
int fun(int n)
{ if(n==1)return 1;
else
return(n+fun(n-1));}
main()
{int x;
scanf("%d",&x);x=fun(x);printf("%d\n",x);}
```

  A. 55   B. 54   C. 65   D. 45

4. 在 C 语言中，函数返回值的类型最终取决于（ ）。

  A. 函数定义时在函数首部所说明的函数类型

  B. return 语句中表达式值的类型

  C. 调用函数时主调函数所传递的实参类型

  D. 函数定义时形参的类型

5. 以下程序的输出结果是（ ）。

```
int a=4;
int f(int n)
{int t=0;static int a=5;
if(n%2){int a=6;t+=a++;}
else {int a=7;t+=a++;
return t+a++;}
main()
{int s=a,i=0;
for(;i<2;i++) s+=f(i);
printf("%d\n",s);}
```

  A. 24   B. 28

  C. 32   D. 36

6. 若函数调用时的实参为变量，则以下关于函数形参和实参的叙述中正确的是（ ）。

  A. 函数的实参和其对应的形参占用同一存储单元

  B. 形参只是形式上的存在，并不占用具体存储单元

  C. 同名的实参和形参占用同一存储单元

  D. 函数的形参和实参分别占用不同的存储单元

7. 在一个 C 语言程序中所定义的全局变量，其作用域为（ ）。

  A. 所在程序的全部范围   B. 所在程序的部分范围

  C. 所在函数的全部范围   D. 由具体定义位置和 extem 说明来决定范围

8．在 C 语言中，只有在使用时才占用内存单元的变量的存储类型是（   ）。

    A．auto 和 register   B．extern 和 regiter

    C．auto 和 static   D．static 和 register

9．以下叙述中错误的是（   ）。

    A．用户定义的函数中可以没有 return 语句

    B．用户定义的函数中可以有多个 return 语句，以便可以调用一次就返回多个函数值

    C．用户定义的函数中没有 return 语句时，并不代表没有返回值，而是返回一个不确定的值

    D．如果 return 语句中的表达式类型与函数类型不一致，则将以返回值类型为准

10．以下函数调用语句中 func 函数的实参个数是（   ）。

```
func(f2(v1,v2),(v3,v4,v5),(v6,max(v7,v8));
```

    A．3   B．4   C．5   D．8

11．变量的指针的含义是指该变量的（   ）。

    A．值   B．地址   C．名   D．一个标志

12．若有语句"int *point a=4;"和"point=&a;"，则以下均代表其地址的一组选项是（   ）。

    A．a,point, *&a   B．&*a, &a,*point

    C．* &point, *point,&a   D．&a,&* point .point

13．若有说明"int *p,m=5,n;"，则以下正确的程序段的是（   ）。

    A．p=&n;   B．p=&n;

       scanf("%d",&p);   scanf("%d",&p);

    C．scanf("%d",&n);   D．p=&n;

       *p=n;   *p=m;

14．已知以下程序中调用 scanf 函数给变量 a 输入数值的方法是错误的，其错误原因是（   ）。

```
main()
{int *p,*q,a,b;
p=&a;
printf("input a");
scanf("%d",*p);
…}
```

    A．*p 表示的是指针变量 p 的地址

    B．*p 表示的是变量 a 的值，而不是变量 a 的地址

C. *p 表示的是指针变量 p 的值

D. *p 只能用来说明 p 是一个指针变量

15. 已有变量定义和函数调用语句"int a=25; print_value(&a);"，则以下函数的输出结果是（   ）。

```
void print_value(int *x)
{ printf("%d\n",++*x);}
```

A. 23   B. 24

C. 25   D. 26

16. 若有定义"long *p,a;"则不能通过 scanf 语句正确读取数据的程序段是（   ）。

A. *p=&a; scanf("%ld",p);

B. p=(long *)malloc(8); scanf("%ld",p);

C. scanf("%ld",p=&a);

D. scanf("%ld",&a);

17. 以下程序的输出结果是（   ）。

```
#include<stdio h>
main()
{ int m=1,n=2,*p=&m,*q=&n,*r;
r=p;p=q;q=r;
printf("%d,%d,%d,%d\n",m,n,*p,*q);
}
```

A. 1，2，1，2   B. 1，2，2，1

C. 2，1，2，1   D. 2，1，1，2

18. 以下程序的输出结果是（   ）。

```
main()
{ int a=1,b=3,c=5;
int *p1=&a,*p2=&b,*p=&c;
*p =*p1*(*p2);
printf("%d\n",c);
}
```

A. 1   B. 2   C. 3   D. 4

19. 以下程序的输出结果是（   ）。

```
main()
{int a,k=4,m=4,*p1=&k,*p2=&m;
a=p1==&m;
printf("%d\n",a);
}
```

A. 4   B. 1

C. 0   D. 运行时出错，无定值

20. 在 16 位编译系统上，若有定义"int a[]={10,20,30}, *p=&a;"，则执行"p++;"后，下列说法中错误的是（　　）。

　　A．p 向高地址偏移了一个字节　　B．p 向高地址偏移了一个存储单元

　　C．p 向高地址偏移了两个字节　　D．p 与 a+1 等价

二、填空题（请将正确答案填写在题中横线上，每空 2 分，本大题共 20 分）

1. 以下程序的输出结果是_____。

```
void fun2(char a,char b)
{printf("%c,%c",a,b);}
char a='A',b='B';
void fun1(){ a='C';b='D';}
main()
{fun1();
printf("%c%c",a,b);
fun2("E","F");}
```

2. 以下程序的输出结果是_____。

```
fun(int x)
{int p;
if(x==0||x==1)return(3);
p=x-fun(x-2);
return p;}
main()
{printf("%d\n",fun(7));}
```

3. 以下程序的输出结果是_____。

```
fun(int x,int y)
{static int m=0,i=2;
i+=m+1;m=i+x+y;return m;}
main()
{int j=1,m=1,k;
k=fun(j,m);printf("%d,",k);
k=fun(j,m);printf("%d\n",k);}
```

4. 若在 C 语言中未说明函数的类型，则系统默认该函数的数据类型是____。

5. 若函数定义为_____类型，则函数体内无须出现 return 语句。

6. 以下程序段的输出结果是_____。

```
char *s="abcde";
s+=2;printf("%d",s);
```

7. 以下函数的功能是从输入的 10 个字符串中找出最长的字符串，请将程序填写完整。

```
void fun(char str[10][81],char **sp)
{ int i;
  *sp=_____;
  for(i=1;i<10;i++)
    if(strlen(*sp)<strlen(str[i]))_____;
```

8. 以下函数的功能是将字符串 s1 和字符串 s2 连接起来，请将程序填写完整。

```
void conj(char *s1,char *s2)
{
  while(*s1) _____;
  while(*s2){*s1=_____;s1++,s2++;}
  *s1="\0";
}
```

三、程序阅读题（请写出程序的输出结果，每小题 5 分，本大题共 20 分）

1. 以下程序的输出结果是_____。

```
#include<sudio.h>
int f(int x)
 {int y;
if(x==0||x==1) return(3);
y=x*x-f(x-2);
return y;}
main()
{int z;
z=f(3);printf("%d\n",z);}
```

2. 以下程序的输出结果是_____。

```
#include<stdio.h>
int a=1;
int f(int c)
{static int a=2;
c=c+1;
return (a++)+c;}
main()
{int i,k=0;
for(i=0;i<2;i++){int a=3,k+=f(a);}
k+=a;
printf("%d\n",k);}
```

3. 以下程序的输出结果是_____。

```
#include<stdio.h>
fun(char *s)
{ char *p=s;
  while(*p) p++;
  return(p-s);
}
main()
{ char *a="abcdef";
  printf("%d\n",fun(a));
}
```

4. 以下程序的输出结果是_____。

```
#include<stdio.h>
main()
{ char *a[]={"Pascal","C Language","dBase","Java"};
  char(**p)[];int j;
  p=a+3;
```

```
    for(j=3;j>=0;j--)
    printf("%s\n",*(p--));
}
```

四、综合应用题（每小题 10 分，本大题共 20 分）

1．有 5 个人坐在一起，问第 5 个人的岁数时，他说他比第 4 个人大 2 岁。问第 4 个人的岁数时，他说他比第 3 个人大 2 岁。问第 3 个人的岁数时，他说他比第 2 个人大 2 岁。问第 2 个人的岁数时，他说他比第 1 个人大 2 岁。最后，问第 1 个人岁数时，他说他自己 10 岁。编写程序，求出第 5 个人的岁数。

2．编写一个加密程序，其功能是由键盘输入明文，利用加密程序将明文转换成密文并显示到屏幕上。

说明：明文中的字母转换成其后的第 4 个字母，例如，将 A 变成 E（将 a 变成 e），将 Z 变成 D，非字母字符无须转换；同时将密文的每两个字符之间插入一个空格。

例如，将 China 转换成密文 G l m r e。

要求：在 change 函数中完成字母转换功能，在 insert 函数中完成增加空格功能，利用指针传递参数。

综合测试题（五）

（本测试题满分 100 分，测试时间 90 分钟）

一、选择题（每小题 2 分，本大题共 40 分）

1. 下列关于结构体和共用体的叙述中错误的是（　　）。

    A. 结构体中的成员可以具有不同的数据类型

    B. 结构体是一种可由用户构造的数据类型

    C. 结构体中的成员不可以与结构体变量同名

    D. 一个共用体变量中不能同时存放其所有成员

2. 下列关于以下程序段的叙述中正确的是（　　）。

```
typedef struct example
{
  int a[6];
  float n;
}case1;
```

    A. struct 是结构体类型名

    B. 可以用 case1 定义结构体变量

    C. case1 是结构体变量名

    D. typedef struct 是结构体类型

3. 以下结构体类型说明和变量的定义中，正确的是（　　）。

    A.
```
struct case1
{
    int a;
    char c;
}
struct case1 m,n;
```

    B.
```
struct case2
{
```

```
    int a;
    char c;
}CASE;
CASE m,n;
```

C.

```
struct case3
{
    int a;
    char c;
};
struct case3 m,n;
```

D.

```
typedef
{
    int a;
    char c;
}CASE;
CASE m,n;
```

4. 说明一个共用体变量时，系统分配给它的内存是（   ）。

   A. 各成员所需内存量之和

   B. 共用体中第一个成员所需内存量

   C. 成员中占用内存量最大者的内存量

   D. 共用体中最后一个成员所需内存量

5. 有以下定义

```
struct Date
{
    int year;
    int month;
    int day;
};
struct student
{
    char name[30];
    struct Date birthday;
}STU;
```

对结构体变量 STU 的出生年份进行赋值时，以下赋值语句中正确的是（   ）。

   A. year=1999   B. birthday.year=1999

   C. STU.birthday.year=1999 D. STU.year=1999

6. 结构体类型变量在程序运行期间，（   ）。

   A. 所有成员一直驻留在内存中

   B. 没有成员驻留在内存中

   C. 部分成员驻留在内存中

D. 只有一个成员驻留在内存中

7. 根据以下定义，能够打印出字母"T"的语句是（　　　）。

```
Struct student{char name[20];int age};
Struct student class[5]={"John",20,
"Tom",21,
"Mary",22,
"Jack",19,
};
```

   A. printf("%c\n",class[2].name);

   B. printf("%c\n",class[1],name[0]);

   C. printf("%c\n",class[2],name[1]);

   D. printf("%c\n",class[2],name[0]);

8. 有以下定义，若要引用初值整数1，则以下引用方式中正确的是（　　　）。

```
struct test
{
  char c;
  int n;
  float m;
}a[2][3]={{'a',4,1.6},{'b',3,1.7},{'c',2,1.8},{'d',1,2.0}};
```

   A. a[0][3].n

   B. a[1][0].n

   C. a[1][1].n

   D. a[0][4].n

9. 有以下定义：

```
union data
{
  int n;
  char c;
  float m;
}d;
int i;
```

以下语句中正确的是（　　　）。

   A. d=10;

   B. printf("%d\n",d);

   C. i=d;

   D. d={6,'d',0.06};

10. 对以下说明的叙述中不正确的是（　　　）。

```
union number
{
  int m;
```

```
    char c;
    float n;
}NUM;
```

A．NUM 所占的内存长度等于成员 n 的长度

B．NUM 的各成员变量都从同一个内存地址开始存放

C．NUM 可以作为函数参数

D．共用体中不能同时存放 m、n、c 三个成员

11．以下程序的输出结果是（　　）。

```
#include <stdio.h>
int main()
{
union
{
    int a;
    short b;
    char c;
    long d;
}m;
printf("%d\n",sizeof(m));
return 0;
}
```

A．4　　　　B．2　　　　C．11　　　　D．1

12．使用 typedef 定义一个新类型的步骤正确的是（　　）。

（1）把变量名换成新类型名　　（2）用新类型名定义变量

（3）在最前面加上关键字 typedef　　（4）按定义变量的方法写出定义体

A．（4）（1）（2）（3）　　　　B．（2）（1）（3）（4）

C．（2）（3）（4）（1）　　　　D．（4）（1）（3）（2）

13．以下对于 typedef 的叙述中不正确的是（　　）。

A．用 typedef 声明的新的类型名常用大写字母表示，以区分于系统提供的标准类型名

B．用 typedef 只是对原有类型起个新的名字，并没有产生新的数据类型

C．用 typedef 可以增加新类型

D．用 typedef 可以定义各种类型名，但不能用来定义变量

14．以下程序的输出结果是（　　）。

```
#include <stdio.h>
int main()
{
    union
    {
        int i;
```

```
        char c;
    }a;
    a.c='A';
    printf("%c\n",a.i);
    return 0;
}
```

A．随即值 　　B．编译错误 　　C．65 　　　　D．A

15．在 C 语言中，文件是由（ 　 ）组成的。

A．记录 　　　B．字符序列 　　C．数据块 　　　D．数据行

16．有以下结构类型：

```
struct test
{
    char ch[10];
    int n;
}num[50];
```

结构体数组 num 中的元素都已有值，若要将这些元素写进文件 fp 中，则以下语句中错误的是（ 　 ）。

A．fwrite(num,sizeof(struct num),50,fp)

B．fwrite(num,50*sizeof(struct num),1,fp)

C．fwrite(num,25*sizeof(struct num),25,fp)

D．for(i=0;i<50;i++) fwrite(num,sizeof(struct num),1,fp)

17．若 fp 是指向某个文件的指针，且已读到文件末尾，则 feof(fp)的返回值是（ 　 ）。

A．非零值 　　B．EOF 　　　C．0 　　　　　D．-1

18．有以下定义：

```
#include <stdio.h>
struct num
{
    char ch[8];
    int n;
}a[20];
FILE *fp;
```

以下不能将文件内容读入数组 a 中的语句是（ 　 ）。

A．for(i=0;i<20;i++)fread(&a[i],sizeof(struct num), 1L,fp);

B．for(i=0;i<20;i++,i++)fread(&a[i],sizeof(struct num), 2L,fp);

C．fread(a,sizeof(struct num),20L,fp);

D．for(i=0;i<20;i++)fread(a[i],sizeof(struct num), 1L,fp);

19. 以下程序的功能是把从键盘输入的字符输出到名为 test.txt 的文件中，直到从键盘读入字符"@"时结束输入和输出操作。但以下程序有错，出错的原因是（　　　）。

```c
#include <stdio.h>
void main()
{
    FILE *fp;
    char c;
    fp=fopen('test.txt','w');
    c=fgetc(stdin);
    while(c!='@')
    {
        fputc(c,fp);
        c=fgetc(stdin);
    }
    fclose(fp);
}
```

A. fopen 函数调用形式错误

B. fgetc 函数调用形式错误

C. fputc 函数调用形式错误

D. 文件指针 stdin 没有定义

20. 有下列结构体变量 data 的定义，则表达式 sizeof(data) 的值是（　　　）。

```c
struct
{
    long n;
    char name[30];
    union
    {
        float f;
        int m;
    }test;
}data;
```

A. 34　　　　　　B. 30　　　　　　C. 38　　　　　　D. 42

二、填空题（请将正确答案填写在题中横线上，每空 1 分，本大题共 20 分）

1. 在以下程序中有结构体类型数据所表示的 3 个学生的分数，要求输出其中的最高分数。请将程序填写完整。

```c
#include <stdio.h>
typedef _____
{
    char name[10];
    int score;
}_____;
main()
{
    Student data[3]={"Liu",90,"Bai",91,"Wang",95};
```

```
    int i,high=data[0].score;
    for(i=1;i<3;i++)
        if(data[i].score>high)
            high=data[i].score;
    printf("%d\n",high);
}
```

2. 有以下程序，其运行结果为整数 10。请将程序填写完整。

```
#include <stdio.h>
union number
{
    int i;
    char c;
};
union number data;
main()
{
    c=getchar();
    _____;
    Printf("%d\n",_____);
}
```

3. 有以下程序，其输出结果为 "7,6"。请将程序填写完整。

```
#include <stdio.h>
int main()
{
    struct test
    {
        struct test1
        {
            _____;
        }a;
        int i,j;
    }b;
    b.i=1;
    b.j=6;
    b.a.m=b.i+b.j;
    b.a.n=b.i*b.j;
    _____;
    return 0;
}
```

4. 以下程序的功能是输出结构体变量 Data 所占内存单元的字节数。请将程序填写完整。

```
#include <stdio.h>
struct number
{
    int n;
    double d;
    char ch[20];
};
int main()
{
```

```
                                    Data;
    printf("%d\n", _____ );
    return 0;
}
```

5. find 函数的功能是在有 N 个元素的结构体数组 b 中查找名为 mark 的值，若找到，则函数返回下标；否则函数返回-1。请将程序填写完整。

```
#include <string.h>
#include <stdio.h>
#define N 50
struct data
{
    int id;
    char name[30];
    double price;
}book[N];
int find(struct data b[],char mark[])
{
    int i;
    for(i=0;i<N;i++)
        if(strcmp(_____)==0) return i;
    _____;
}
```

6. 以下程序的输出结果是_____。

```
#include <stdio.h>
union students
{
    char name[10];
    long id;
    char sex;
    float score[4];
    double sum;
};
typedef student STU;
void main()
{
    STU class[5];
    printf("%d\n",sizeof(class));
}
```

7. 以下程序的输出结果是_____。

```
#include <stdio.h>
union data
{
    struct number
    {
        int x,y,z;
    }num;
    int n;
}Data;
void main()
{
```

```
        Data.num.x=1;
        Data.num.y=2;
        Data.num.z=3;
        Data.n=0;
        printf("%d\n",Data.num.x);
    }
```

8.以下程序的功能是：将数组a中的2个元素和数组b中的6个元素写到名为test.dat的二进制文件中。请将程序填写完整。

```
#include <stdio.h>
int main()
{
    char a[2]="ab",b[6]="cdefgh";
    FILE *fp;
    if((fp=fopen("test.dat","wb"))==NULL)
        _____;
    fwrite(a,sizeof(char),2,fp);
    fwrite(b,_____,2,fp);
    fclose(fp);
    return 0;
}
```

9. 以下程序的功能是：将2道题的题号和正确答案写到correct.txt.文件中，并将学生完成的答案按照相同顺序存放在student.txt文件中。请将程序填写完整。

```
#include <stdio.h>
int main()
{
    FILE *fp,*fn;
    if((fp=_____)==NULL)
    {
        printf("文件correct.txt打开错误！\n");
        exit(0);
    }
    If((fn=_____)==NULL)
    {
        printf("文件student.txt打开错误！\n");
        exit(0);
    }
    fprintf(fp,"%3d%2c\n",1,'A');
    fprintf(fn,"%3d%2c\n",1,'B');
    fprintf(fp,"%3d%2c\n",2,'C');
    fprintf(fn,"%3d%2c\n",2,'C');
    _____;
    return 0;
}
```

10. 以下程序的功能是：统计文件data.txt中大写字母A的个数。请将程序填写完整。

```
#include <stdio.h>
int main()
{
```

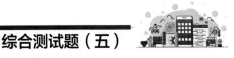

```
    int n=0;
    char c;
    FILE *fp;
    if((fp=fopen("data.txt","r"))==NULL)
        exit(0);
    while(_____)
    {
        c=_____;
        if(c=='A')
            n++;
    }
    printf("字母A的个数为：%d\n",n);
    _____
    return 0;
}
```

三、程序阅读题（请写出程序的输出结果，每小题 5 分，本大题共 20 分）

1. 以下程序的输出结果是_____。

```c
#include <stdio.h>
union number
{
    struct
    {
        int x,y,z;
    }a;
    int k;
}num;
void main()
{
    num.a.x=1;
    num.a.y=2;
    num.a.z=3;
    num.k=6;
    printf("%d\n",num.a.x);
}
```

2. 以下程序的输出结果是_____。

```c
#include <stdio.h>
struct test
{
    union
    {
        int x,y;
    }u;
    int a,b;
};
void main()
{
    struct test t;
    t.a=5;
```

```
        t.b=2;
        t.u.x=t.a*t.b;
        t.u.y=t.a+t.b;
        printf("%d,%d\n",t.u.x,t.u.y);
}
```

3. 以下程序的输出结果是_____。

```
#include <stdio.h>
struct test
{
    int a;
    float b;
};
void change(struct test y)
{
    y.a=6;
    y.b=12.2;
}
void main()
{
    struct test t={10,6.12};
    change(t);
    printf("%d,%.2f\n",t.a,t.b);
}
```

4. 以下程序的输出结果是_____。

```
#include <stdio.h>
void main()
{
    FILE *fp;
    int n=5,m=6,a,b;
    fp=fopen("data.txt","w");
    fprintf(fp,"%d\n",n);
    fprintf(fp,"%d\n",m);
    fclose(fp);
    fp=fopen("data.txt","r");
    fscanf(fp,"%d%d",&a,&b);
    printf("%d %d\n",b,a);
    fclose(fp);
}
```

四、综合应用题（每个小题 10 分，本大题共 20 分）

1. 设有 3 个人的姓名和年龄均保存在结构数组中。请编写程序，要求输出 3 个人中年龄居中者的姓名和年龄。

2. 已有文件 example.txt，该文件的内容为"Hello,everyone!"。请编写程序，要求从文件 example.txt 中读出"Hello"并显示在屏幕上。